humanística

40

O CÉREBRO E A MENTE

PAOLO NICHELLI

Tradução
Raquel Tonini Schneider

humanística

Edições Loyola

Título original:
Il cervello e la mente
© 2020 by Società editrice Il Mulino, Bologna
Strada Maggiore 37, 40125, Bologna, Italia
ISBN 978-88-15-28662-8

Quest'opera è stata tradotta con il contributo del *Centro per il libro e la lettura* del Ministero della Cultura Italiano.

CENTRO PER IL LIBRO E LA LETTURA

Obra traduzida com a contribuição do *Centro per il libro e la lettura* do Ministério da Cultura Italiano.

Dados Internacionais de Catalogação na Publicação (CIP)
(Câmara Brasileira do Livro, SP, Brasil)

Nichelli, Paolo
O cérebro e a mente / Paolo Nichelli ; tradução Raquel Tonini Rosenberg Schneider. -- 1. ed. -- São Paulo : Edições Loyola, 2023.
-- (Coleção humanística ; 40)

Título original: Il cervello e la mente
Bibliografia.
ISBN 978-65-5504-266-5

1. Cérebro 2. Neurociências 3. Neurotransmissores 4. Síndromes I. Título II. Série.

23-149280 CDD-616.8

Índices para catálogo sistemático:
1. Cérebro : Neurociências : Medicina 616.8

Eliane de Freitas Leite - Bibliotecária - CRB 8/8415

Preparação: Paulo Fonseca
Capa: Manu Santos
Diagramação: Ronaldo Hideo Inoue
Revisão técnica: Gabriel Frade

Edições Loyola Jesuítas
Rua 1822 n° 341 – Ipiranga
04216-000 São Paulo, SP
T 55 11 3385 8500/8501, 2063 4275
editorial@loyola.com.br
vendas@loyola.com.br
www.loyola.com.br

Todos os direitos reservados. Nenhuma parte desta obra pode ser reproduzida ou transmitida por qualquer forma e/ou quaisquer meios (eletrônico ou mecânico, incluindo fotocópia e gravação) ou arquivada em qualquer sistema ou banco de dados sem permissão escrita da Editora.

ISBN 978-65-5504-266-5

© EDIÇÕES LOYOLA, São Paulo, Brasil, 2023

101372

Sumário

Prefácio 11

1. Ver sem compreender e compreender sem ver 15
   1. A organização da sensação visual 22
   2. A hierarquia das representações cerebrais 24
   3. O processamento preditivo 25
   4. As áreas visuais associativas 26
   5. A percepção da forma 27
   6. O reconhecimento dos objetos e dos rostos 28
   7. A especificidade dos rostos 33
   8. O reconhecimento das expressões faciais 34
   9. Como as expectativas influenciam a percepção 35
   10. As alucinações visuais 36
   11. A decodificação dos sinais cerebrais 37
   12. A visão residual em um campo cego 38
   13. A síndrome de Anton (a negação da cegueira) 41
   14. Como se organiza o cérebro dos cegos 41
   15. Conclusões 43

2. Perdidos no espaço 45
   1. A síndrome de Bálint 45
   2. A negligência espacial unilateral 51
   3. A negligência espacial não é somente visual 56
   4. Hemisomatoagnosia e hemisomatoparafrenia 57
   5. A dislexia da negligência e a leitura inconsciente 59

    6. O cérebro e a atenção espacial 60
    7. O que pode ser feito para melhorar a atenção 64

3. O movimento certo na hora certa 69
    1. O meu primeiro paciente com Parkinson 69
    2. A doença de Huntington 72
    3. Como a hipocinesia e a hipercinesia são explicadas 74
    4. O papel dos remédios e da neurocirurgia 75
    5. O que o cerebelo faz 78
    6. O planejamento do movimento 79
    7. A apraxia 80
    8. A imaginação motora 85
    9. Compreender as ações dos outros 89

4. Sem palavras 93
    1. A frenologia 94
    2. Bouillaud e o desafio de Aubertin 97
    3. Paul Broca, Leborgne e Lelong 98
    4. Broca, Dax e a dominância do hemisfério esquerdo
        para a linguagem 100
    5. Carl Wernicke e a afasia sensorial 102
    6. A afasia de condução 104
    7. O esquema de Lichtheim e as afasias transcorticais 105
    8. A reação às associações 107
    9. Norman Geschwind e a redescoberta dos clássicos 112
  10. A contribuição da neurolinguística 114
  11. Um novo modelo neuroanatômico de linguagem 117
  12. Além das palavras 120

5. Quantos tipos de memória?
    As histórias de Anne, Henry, Giorgio, Jon e Luísa 123
    1. Uma piada iluminadora 123
    2. A história de H. M. 125
    3. Giorgio e o aprendizado inconsciente 133
    4. Jon e Luísa e as memórias de suas vidas 137
    5. O que sabemos sobre a memória 141

6. Emoções, decisões e caráter 147
    1. A verdadeira história de Gage 147
    2. A verdadeira história de Elliot 151
    3. A teoria dos marcadores somáticos 153

4. O efeito de lesões frontais 156
5. Conhecer a si mesmo 158
6. Compreender as intenções dos outros 161
7. A empatia 165
8. A percepção social 168
9. Comportamento social 169
10. Neurotransmissores e comportamentos violentos 173
11. A ocitocina: um hormônio poliédrico 177
12. Neuroeconomia: como decidimos 179

Conclusões 185

Referências 189

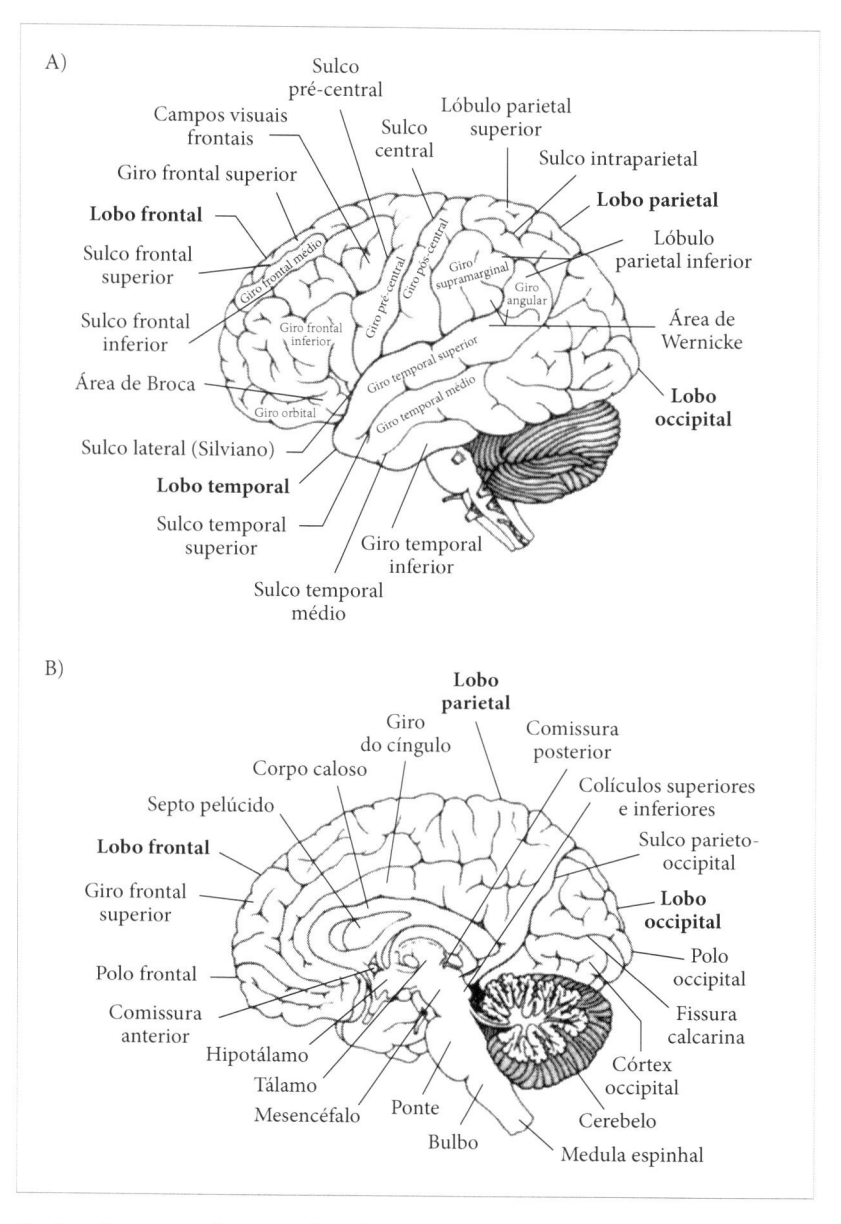

Fig. 1. Representação esquemática das principais estruturas e circunvoluções do encéfalo. Vista lateral (A) e vista medial (B).

Prefácio

Eu tinha ainda em meus ouvidos o som de uma festa local. As férias de verão estavam chegando ao fim e até o momento eu não havia decidido o que faria "quando crescesse". Eu precisava escolher o curso de graduação. Era uma noite sem lua. À medida que prosseguia ao longo da estrada que me levava à casa de campo dos meus avós, as estrelas estavam mais brilhantes e eu começava a ver a Via Láctea.

A Terra, pensei, é um pequeno planeta em torno do Sol, uma estrela como outra qualquer, como um daqueles pequenos grãos de poeira que chamamos de Via Láctea, a nossa galáxia, uma das muitas no universo. Eu teria me inscrito em Física. Eu teria tentado entender como o Universo nasceu e qual é o nosso lugar no mundo.

Então, não sei como, pensei em todos os homens que ao longo dos séculos se fizeram as mesmas perguntas que eu queria responder. Como poderíamos nós, tão pequenos em comparação com o Universo que eu observava, nos movermos pelo mundo e até ousarmos deixar nossa Terra para pisar na Lua ou procurar formas de vida em outro planeta? O que havia dentro de nós que nos permitia estabelecer metas tão ousadas? Foi então que decidi estudar o cérebro humano. Depois de alguns dias me matriculei em Medicina, para ser um neurofisiologista, um neurologista ou um neurocirurgião: qualquer coisa que pudesse me aproximar do cérebro.

Alguns anos depois, enquanto eu estudava neurologia, um assistente descobriu uma caixa cheia de formol e me entregou o cérebro de um homem. Foi uma emoção muito intensa: eu tinha nas mãos tudo o que permitia a uma pessoa sentir-se como tal, sofrer e alegrar-se, ouvir e ler, falar e se comover. Tudo isso graças a pouco mais de um quilograma de células nervosas unidas em uma ordem que eu queria tentar decifrar.

Os quarenta e poucos anos que se passaram desde então não me permitiram responder a todas as perguntas que o homem se faz ao estudar aquela parte extraordinária do corpo que lhe permite olhar o céu estrelado, calcular as órbitas dos planetas e planejar viagens interespaciais. Mas esses foram anos extraordinários para a neurologia e a neurociência. Este livro tem o objetivo de acompanhar os leitores nas descobertas deste meio século, na esperança de despertar em vocês, leitores, o mesmo espanto e entusiasmo que me acompanharam em minha vida profissional.

Isto será feito a partir da observação de pacientes neurológicos. Pessoas — homens e mulheres de carne e osso — cujas percepções, emoções, memória, habilidades cognitivas e motoras foram alteradas por doenças, traumas, cirurgias. Como neurologista, comecei a pesquisar a melhor maneira de lidar com a doença ou com o dano que essas pessoas haviam sofrido. Muitas vezes me aconteceu de os relatos dessas pessoas e a comparação entre o que elas conseguiam e o que não conseguiam fazer oferecessem importantes *insights* para a compreensão do funcionamento do cérebro, especialmente quando essas observações clínicas encontraram confirmação nos resultados das ciências básicas e das técnicas que, precisamente nestas últimas décadas, foram desenvolvidas para investigar o cérebro, sua estrutura e sua atividade normal.

Este livro não teria sido possível sem as perguntas que me foram feitas pelas pessoas que conheci durante meu trabalho como médico e professor. Ser médico é um estímulo contínuo para compreender os limites do nosso conhecimento e colocar as questões que nos fazem avançar para a investigação científica. Ao longo dos anos, este estímulo tem sido cada vez mais premente, graças também às pessoas que me consultaram como neurologista e aos colaboradores que procuraram a minha opinião em face das mais difíceis situações clínicas. Todas as reuniões foram úteis. As discussões com Stefano Meletti, Annalisa Chiari, Giovanna Zamboni, Jessica Mandrioli, Francesca Benuzzi, Manuela Tondelli foram muito úteis. As perguntas dos alunos, muitas vezes, me forçaram a revisar o conhecimento que pensei ter adquirido. Ensinar, para mim, foi a melhor maneira de aprender.

Minha esposa Roberta ajudou-me a reler e corrigir aquilo que eu ia escrevendo, aconselhando-me a evitar linguagem muito técnica. Roberto Cubelli, Francesca Frassinetti, Maria Angela Molinari, Angela Sirigu e Franco Valzania ajudaram-me a rever criticamente o que tinha escrito e me ofereceram sugestões valiosas.

Um agradecimento especial a Daniele Malaguti, a editora, pelo incentivo constante e por tentar me trazer de volta para um estilo expositivo adequado para o leitor "não especialista" e a Costanza Papagno que, nos apresentando, tornou possível este livro. Cinzia Covizzi releu tudo com paciência e encontrou alguns erros que haviam escapado a todas as leituras anteriores. Portanto, quaisquer erros, imperfeições ou simplificação excessiva poderão ser atribuídos somente a mim.

1. Ver sem compreender e compreender sem ver

Na década de 1980, um livro intitulado *O homem que confundiu sua mulher com um chapéu* foi um grande sucesso. Escrito de forma admirável por Oliver Sacks, descreve, entre outros, o caso de um eminente músico que, devido a uma doença neurodegenerativa, desenvolveu uma série de transtornos na percepção visual, entre os quais se destacou a incapacidade de reconhecer objetos e rostos. O título se refere ao momento em que, ao final da visita do dr. Sacks, ele se aproximou de sua esposa e agarrou sua cabeça, tentando levantá-la, como se quisesse pegar o chapéu para colocá-lo. Tratava-se de uma pessoa que viu a cabeça da esposa, mas não a reconheceu, não soube reconhecer o que era.

Foi Sigmund Freud que, em 1891, chamou esse transtorno de "agnosia[1] visual", observando que o que faltava era o conhecimento visual dos objetos, mas foi Heinrich Lissauer quem, um ano antes, havia emoldurado com precisão as características neuropsicológicas do que então era chamado de "cegueira psíquica" (*Seelenblindheit*). Lissauer tinha 27 anos e era assistente de Carl Wernicke, o neurologista que mais contribuiu para a descrição e classificação dos distúrbios afásicos da linguagem.

---

1. Em grego, literalmente, "falta de conhecimento". (N. do R.)

As reflexões de Lissauer (1890)[2] partiram do caso do sr. Gottlieb, 80 anos, comerciante, de temperamento forte, às vezes briguento, parcimonioso até a avareza, que já há cerca de um ano vinha manifestando alguns problemas de memória: não lembrava a data, o nome dos filhos (ele tinha oito, mas apenas três ainda estavam vivos) e seu endereço. No entanto, até agosto de 1888, ele tinha sido capaz de cuidar de seu próprio negócio. No dia 3 de agosto ele voltou de uma viagem de trabalho muito cansado. Houve uma tempestade, e uma rajada de vento o fez bater a cabeça contra uma cerca. Ele estava exausto. Lamentou-se de não ver tão bem quanto antes. Jantou com sua família e ninguém notou nada. Quando, na manhã seguinte, ele se levantou da cama, os problemas apareceram. Ele parecia desorientado: não conseguia encontrar o banheiro e precisou ser acompanhado para sair de casa. Tudo o que via parecia estranho e desconhecido para ele. Enquanto comia, trocava os talheres entre eles. Tentou usar a colher mergulhando o cabo na sopa. Acreditava que os quadros pendurados nas paredes eram caixas e neles procurava o que havia perdido. Não conseguia mais ler. Ele disse que sua visão havia se deteriorado repentinamente após a batida.

Nas semanas seguintes, essa sensação de confusão generalizada diminuiu e acabou desaparecendo. Gottlieb voltou a se movimentar pela casa sem dificuldade: conseguia se vestir e se despir e era capaz de fornecer um relatório detalhado sobre seus negócios. Mas, continuou a reclamar de distúrbios visuais. Ele consultou o dr. Geheimrath Förster, oftalmologista que, após realizar alguns exames de sua competência, o encaminhou para Wernicke e Lissauer, que o visitaram mais de um mês e meio após o início dos distúrbios.

Lissauer se encontrou diante de um homem idoso, um pouco mais lento, mas certamente não demente ou mesmo deprimido, capaz de explicar bem o que havia acontecido com ele. Lamentava-se de não enxergar tão bem quanto antes. Ele não conseguia reconhecer os objetos que via, ao passo que não tinha nenhuma dificuldade em reconhecê-los se pudesse pegá-los em sua mão ou ouvir seu barulho. Além disso, quando um ob-

---

2. A tradução para o inglês foi publicada no artigo: LISSAUER, Heinrich; JACKSON, Marianne, A case of visual agnosia with a contribution to theory, *Cognitive Neuropsychology*, v. 5, n. 2 (2007), 157-192.

jeto com uma forma incomum era colocado à sua frente, ele era capaz de desenhá-lo, demonstrando assim que havia percebido sua forma.

Lissauer descreveu detalhadamente o exame físico de Gottlieb. Em ambos os olhos apresentava um déficit visual na metade direita do campo visual (ele tinha hemianopsia[3] no olho direito). Todavia, na parte ilesa do campo, não apresentava déficits de acuidade visual que pudessem comprometer a percepção de objetos. Tinha dificuldade em nomear as cores, mas não em discriminá-las e categorizá-las: por exemplo, agrupava sem hesitação todas as amostras de lã com diferentes tons de verde, descartando aquelas com tons que tendiam ao azul ou amarelo. Sua visão de profundidade era boa. Ele escrevia bem, tanto espontaneamente como sob ditado, mas não conseguia ler o itálico ou as letras maiúsculas.

Qual era, então, o problema de Gottlieb? Ele enxergava, mas não reconhecia. Ele enxergava sem compreender. Lissauer levantou a hipótese de que o processo de reconhecimento de objetos passasse por duas etapas distintas e sucessivas: a primeira, que ele chamou de *aperceptiva,* é a fase do saber consciente de uma percepção sensorial; na segunda, outras noções se associam ao conteúdo da apercepção e nos permitem reconhecê-lo. Lissauer chamou essa fase de *associativa*. Gottlieb percebia muitos objetos, sem compreendê-los e por isso não os reconhecia. Seu problema era uma agnosia associativa. Diante de duas chaves, ele poderia dizer se elas eram iguais ou diferentes, poderia desenhá-las, mas ele não sabia o que eram, a menos que pudesse pegá-las em sua mão.

Mesmo com o uso de um léxico diferente, essa distinção faz parte de qualquer descrição moderna de processos perceptivos e distúrbios agnósicos. Diante de um objeto, a apercepção implica na capacidade de apreender sua forma, distinguindo-a do fundo, e de extrair sua conotação tridimensional, permitindo reconhecer o objeto mesmo quando este é apresentado em uma perspectiva inusitada. Aqueles que têm dificuldade nesta fase falham nos testes de discriminação de formas, na discriminação figura-fundo, na identificação de objetos apresentados em projeções inusitadas e no teste de figuras sobrepostas (ver a figura 1.1).

---

3. Quando um escotoma (diminuição da acuidade visual) atinge metade do campo visual, este passa a ser denominado hemianopsia. (N. do R.)

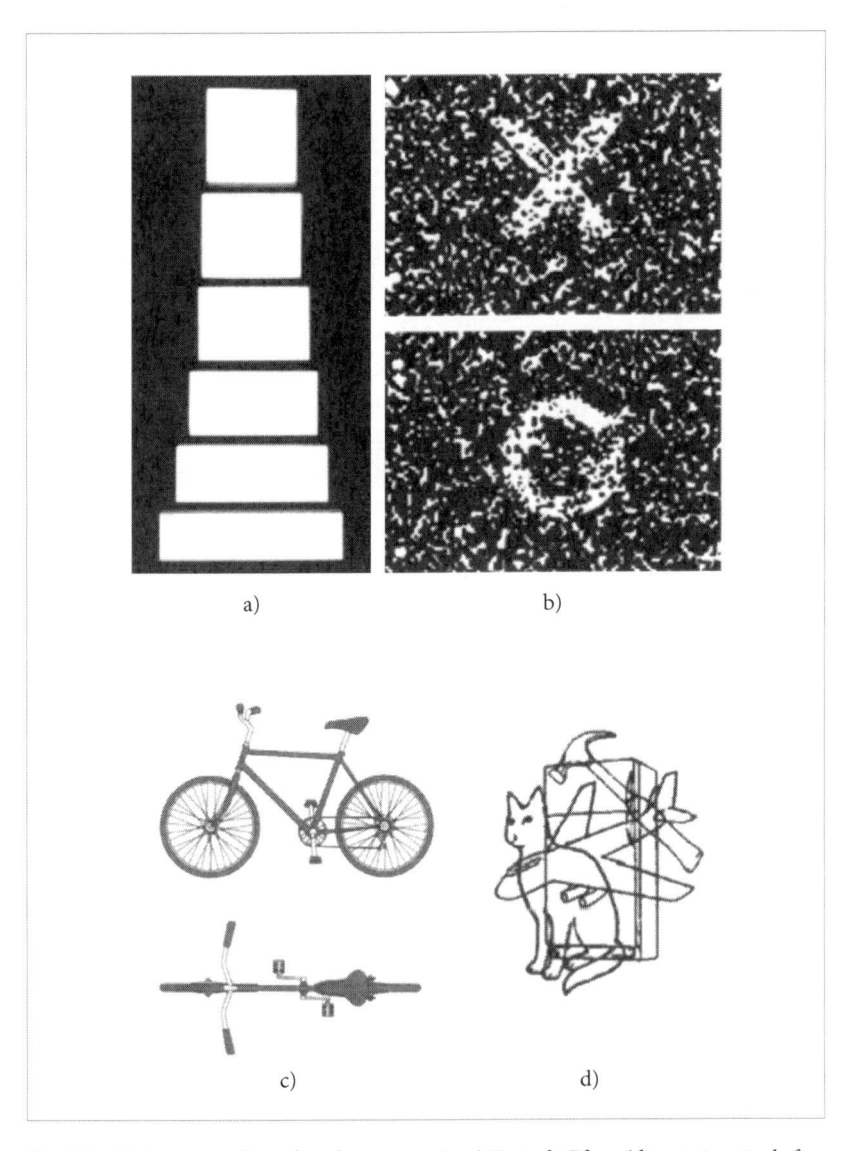

Fig. 1.1. Teste para avaliar a fase de apercepção. a) Teste de Efron (discriminação de formas com a mesma área, mas diferença entre comprimento e altura); b) Teste de Warrington e Taylor (discriminação figura-fundo); c) Teste de reconhecimento de objetos em perspectivas inusitadas; d) Teste de Poppelreuter-Ghent (reconhecimento de figuras sobrepostas).

Quando a agnosia diz respeito à fase associativa, o objeto é percebido, mas não há ligação entre o conteúdo visual da percepção e o conhecimento relativo ao objeto (suas características físicas, seu uso etc.). Lissauer deu o exemplo do violino. Qualquer pessoa que esteja um pouco familiarizada com esse instrumento musical associa à sua imagem o som, a experiência tátil que sente ao pegá-lo, a postura do violinista quando está prestes a tocá-lo. A agnosia associativa é a consequência da perda desses vínculos, que constituem a representação semântica do objeto, à qual se acrescenta, só posteriormente, o nome que atribuímos ao objeto.

Um agnósico associativo não tem dificuldade em copiar um desenho, pode descrever bem os detalhes, mas não pode identificá-lo e nem mesmo emparelhá-lo com um objeto semelhante que tenha a mesma função. Por exemplo, não coloca uma fita métrica na mesma categoria de uma fita métrica de alfaiate ou uma trena, ou dois copos diferentes.

Mais de um século depois, é natural que algumas deficiências possam ser identificadas na abordagem teórica de Lissauer. Uma é que os distúrbios de reconhecimento visual podem ser seletivos, por exemplo, apenas para rostos.

O distúrbio agnósico que afeta as faces é conhecido como *prosopagnosia* (de πρόσωπον, em grego "rosto"), um termo cunhado pelo neurologista alemão Joachim Bodamer (1947). A própria existência da prosopagnosia parece um fenômeno bizarro e absurdo, ainda mais se, como muitas vezes acontece, a pessoa demonstra uma acuidade visual perfeita e uma boa capacidade de reconhecer objetos e figuras que não sejam rostos. Como tudo isso é possível? O que esse distúrbio nos diz sobre o funcionamento do nosso sistema perceptivo?

Não há dúvida de que os rostos têm um significado particular para nossa espécie. E não apenas isto: um estudo recente permitiu descobrir que até os macacos-de-gibraltar (macacos conhecidos por serem travessos), pertencentes a uma espécie que apareceu na Terra 35 milhões de anos antes do homem, são capazes de distinguir rostos (Hung et al., 2015). Eles também são animais que vivem em comunidade. Para sobreviver, tanto para eles como para nós, é útil reconhecer rapidamente os indivíduos previamente encontrados, saber a quem corresponde aquela fisionomia específica.

A primeira descrição precisa de um caso de prosopagnosia deve-se a Antonio Quaglino, professor de oftalmologia da Universidade de Pavia e de Milão (1867). O sr. L. L. era um banqueiro de Turim de 54 anos, "robusto e de boa constituição" que, em 28 de fevereiro de 1865, enquanto fumava um charuto, de repente caiu inconsciente no chão e acordou, depois de alguns dias, cego de ambos os olhos e com paralisia do lado esquerdo. A recuperação após este acidente vascular cerebral (AVC) foi gradual, mas quase completa. Quaglino, que o visitou um ano depois, atribuiu a melhora ao uso das águas de São Vicente, às quais foram então atribuídas propriedades terapêuticas excepcionais. Não há possibilidade de saber o que aconteceu, mas — com base na súbita perda de consciência e posterior recuperação após um grave comprometimento neurológico — pode-se especular, como o próprio Quaglino fez, que o AVC que atingiu L. L. foi devido a uma hemorragia cerebral. Quanto às águas de São Vicente... não é verdade que ainda hoje 3 bilhões de euros são movimentados em torno da venda de medicamentos homeopáticos, que diferem da água de São Vicente apenas por receberem um choque que provoca a agitação de suas moléculas?

O fato é que, um ano após o AVC, L. L. tinha excelente acuidade visual, tanto de perto quanto de longe. "Ele lia muito bem os caracteres, mesmo os de menor dimensão e, como dizia, sabia 'caçar os passarinhos nas copas das árvores'". O exame da retina era normal, mas o campo visual estava reduzido por uma hemianopsia lateral esquerda. Na prática, com ambos os olhos, mantendo a visão central, "não discernia claramente os objetos colocados à sua esquerda". O que mais o incomodava era que havia perdido a visão das cores: tudo lhe aparecia em diferentes tons de preto e branco. Além disso, os rostos das pessoas lhe pareciam esbranquiçados e desbotados: ele havia perdido "a capacidade de lembrar fisionomias, fachadas de casas e as perspectivas: em uma palavra, a forma ou a configuração das coisas". Quaglino se fixou na descrição do caso, levantando a hipótese de que a hemorragia tivesse danificado algum "centro" que pudesse estar localizado nas "eminências quadrigêmeas"[4], ou melhor, nas

---

4. Tubérculos quadrigêmeos ou colículos (superiores e inferiores): os superiores recebem informação visual.

"circunvoluções dos lobos cerebrais que servem ao misterioso trabalho da inteligência". O artigo de Quaglino foi acompanhado por uma nota com a qual Giovanni Battista Borelli, que havia acompanhado L. L. nos dias imediatamente seguintes ao AVC, confirmava os sintomas relatados por L. L. e interpretava as dificuldades no reconhecimento dos rostos e na orientação espacial como consequência da acromatopsia, a perda da percepção de cores. Sabemos agora que esse não é o caso, porque, embora a prosopagnosia seja frequentemente associada à acromatopsia, os dois distúrbios podem se apresentar separadamente um do outro.

Seria possível então pensar que a prosopagnosia é apenas uma forma particular de agnosia visual que intercepta estímulos mais complexos que os outros, para reconhecer quais devem ser discriminados dentro de um grupo constituído por elementos semelhantes. De fato, em alguns casos, observou-se que o distúrbio não afeta apenas os rostos, mas também carros, cães, casas, sapatos, bolsas. Um barista que me lembro de ter visitado há vinte anos, além de ter dificuldade em reconhecer os seus clientes, tinha dificuldade em servi-los quando lhe pediam um copo daquele licor que estava, juntamente com muitos outros, em garrafas viradas, mas claramente distinguíveis umas das outras por pequenas diferenças na forma.

No entanto, em outros casos, o distúrbio diz respeito estritamente aos rostos. Mas a evidência comprovada de que os rostos são estímulos especiais, para os quais o cérebro utiliza um sistema de processamento distinto daquele usado para outros objetos, baseia-se na observação de que há pessoas que têm agnosia para os objetos, mas nenhuma dificuldade em reconhecer rostos.

Foi o caso de C. K. que, aos 28 anos, após um acidente de carro, sofreu uma concussão cerebral, que lhe causou hemiparesia e hemianopsia esquerda (BEHRMANN; MOSCOVITCH; WINOCUR, 1994). Esse tipo de trauma, causado por acelerações e desacelerações repentinas, pode ser acompanhado de lesão axonal difusa, ou seja, de um comprometimento das conexões entre as células nervosas, muitas vezes difícil de detectar por meio da tomografia computadorizada (TC) e da ressonância magnética (RM) do cérebro, mas com déficits neurológicos transitórios ou permanentes.

C. K. era um aluno brilhante que, antes do acidente, estava cursando um mestrado em História. A avaliação neuropsicológica, realizada imediatamente após o trauma, mostrou lentidão visomotora e déficits de memória, atenção e planejamento. Após dois anos de intenso programa de reabilitação, ele ainda ficou com agnosia para objetos e graves dificuldades de leitura. No entanto, usando material de estudo gravado e um computador com comandos de voz, ele conseguiu concluir seu mestrado. Mais tarde, apesar dos déficits neuropsicológicos, passou a trabalhar como executivo em uma grande organização.

Seus problemas de percepção foram estudados em profundidade cinco anos após o acidente. Foram-lhe mostrados, um de cada vez, 23 objetos, alguns de tamanho normal (por exemplo, um alfinete de segurança de 3 cm de comprimento), outros de pequenas dimensões (por exemplo, um martelo de 6cm de comprimento). Ele poderia observá-los pelo tempo que quisesse, mas ele não podia tocá-los. Ele não conseguiu reconhecer 7 dos 23. Por exemplo, ele chamou um cachimbo de "canudinho", um cadeado de "brinco", um alicate de "prendedor de roupa", e não arriscou uma resposta na frente de uma escova de dentes. Ele se saiu ainda pior em um teste que utilizava desenhos de objetos de uso comum: neste caso, ele reconheceu corretamente apenas 30% deles. No entanto, em todos os testes envolvendo reconhecimento facial, seu desempenho foi comparável ou até melhor que o de pessoas sem déficits neurológicos.

Particular neste paciente foi o chamado "efeito Arcimboldo", em homenagem ao pintor italiano do século XVI conhecido por usar composições de frutas e vegetais para criar grotescas caricaturas de rostos (MOSCOVITCH; WINOCUR; BEHRMANN, 1997). C. K. não conseguia reconhecer o tipo de vegetal na figura, mas não tinha dificuldades em apreciar a caricatura de um rosto quando o painel era girado em 180 graus (ver a figura 1.2).

1. A organização da sensação visual

Grande parte do nosso cérebro se dedica à análise das informações provenientes dos olhos. Como se chega a reconhecer um rosto ou qualquer outro objeto? Qual é a organização cerebral das informações que dizem respeito aos objetos? O cérebro usa sempre os mesmos processos, os mesmos neurônios, para reconhecer um objeto, um edifício ou um rosto?

a)   b)

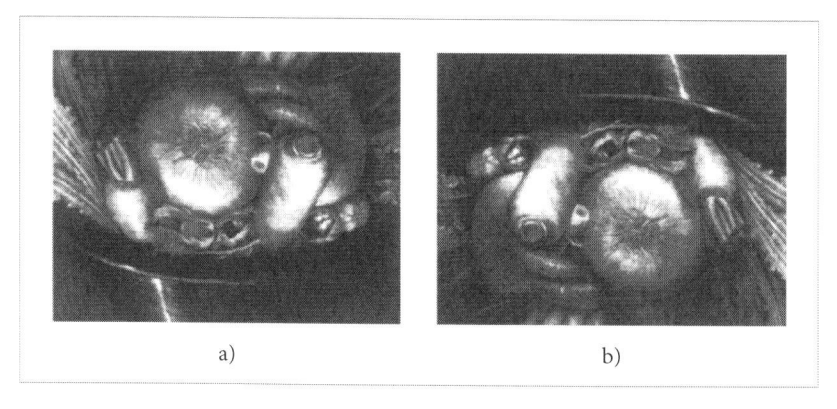

Fig. 1.2. C. K. foi incapaz de descrever os vegetais retratados na pintura de Arcimboldo (a), mas na figura de ponta-cabeça (b) ele não teve dificuldade em descrever a imagem caricatural de um rosto.

É no cérebro, nas fases seguintes à fase em que as imagens atingem nossa retina, que devemos buscar uma explicação para entender a extraordinária velocidade e precisão com que somos capazes de reconhecer objetos, independentemente da distância, iluminação e perspectiva com que se apresentam aos nossos olhos.

O primeiro estágio é a sensação visual. Os fotorreceptores da retina (cones e bastonetes) recebem estímulos luminosos e os transformam em atividade elétrica. Os neurônios da retina transformam a entrada dos fotorreceptores transmitindo-os ao cérebro. A parte nasal da retina recebe imagens das porções laterais do campo visual de cada olho. As fibras do nervo óptico provenientes da retina nasal dos dois olhos se cruzam para alcançar o hemisfério oposto. Desta forma, as vias ópticas de cada hemisfério cerebral contêm as fibras que trazem as informações do campo visual do lado oposto (ver a figura 1.3).

Após o cruzamento (quiasma óptico), as fibras atingem o corpo geniculado lateral. Um pequeno contingente de fibras do nervo óptico não atinge o corpo geniculado, mas segue em direção a uma outra região do tálamo (o pulvinar) ou em direção ao colículo superior do mesencéfalo (as "eminências quadrigêmeas" de que falava Quaglino). São poucas fibras que, no entanto, têm uma função importante na regulação da atenção visual.

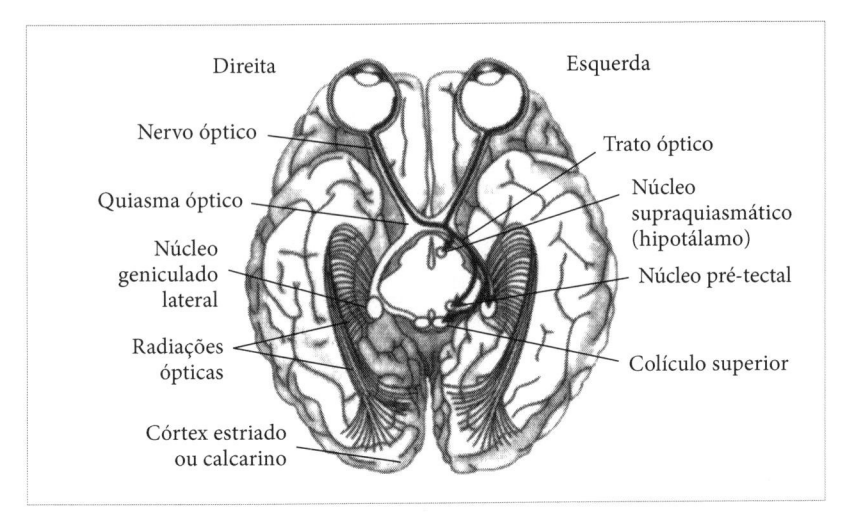

Fig. 1.3. Esquema de via visual. O cérebro é visto de baixo. As radiações ópticas são reproduzidas como se o córtex do lobo temporal fosse transparente.

Do corpo geniculado lateral emanam as radiações ópticas, feixes de fibras que atingem o córtex occipital, mais especificamente o córtex calcarino, a área V1. A partir daqui as informações tomam duas estradas distintas: uma ventral, direcionada ao córtex inferior do lobo temporal e uma dorsal direcionada ao córtex parietal. A que está envolvida na percepção das formas é a *via ventral*. Ao longo desse caminho, cada neurônio visual responde apenas a estímulos apresentados em uma região específica do espaço, o "campo receptivo" daquele neurônio. A partir de V1, a via ventral, antes de chegar ao córtex temporal inferior, encontra as áreas V2, V4, V5 no lobo occipital. Cada uma dessas áreas tem sua função particular. Além disso, cada uma delas não apenas modula a atividade das áreas subsequentes, mas também são influenciadas por estas.

2. A hierarquia das representações cerebrais

O cérebro tem sido frequentemente descrito como uma máquina ou como um computador. As informações entram através dos sistemas sensoriais. Elas são processadas na forma de mensagens elétricas que, como nos computadores, possuem lógica binária (os neurônios descarregam ou não). O resultado se traduz em movimento através dos sistemas efetores. Pode-se destacar que os computadores possuem uma estrutura serial (eles realizam os cálculos seguindo uma sequência pré-ordenada), enquanto o cérebro realiza uma grande quantidade de cálculos ao mesmo tempo. No entanto, muitos microprocessadores agora adotam tecnologia paralela e, portanto, a comparação cérebro/computador poderia parecer apropriada.

A diferença fundamental é que, enquanto o computador processa as informações usando a CPU e grava os resultados em sua memória, no cérebro, o processamento das informações e a gravação da memória ocorrem usando os mesmos componentes. Enquanto o cérebro processa as informações usando redes de neurônios, as sinapses se modificam, funcional ou estruturalmente, e assim se tornam elas próprias o substrato da memória.

Podemos pensar em nosso cérebro como sede das representações do mundo exterior em níveis crescentes de complexidade. O significado de cada representação é codificado pela rede de neurônios que a constitui e pelas características (especialmente temporais) das descargas que a atravessam. Um exemplo claro de organização hierárquica das representações vem do estudo do sistema visual. No córtex visual existem neurônios que codificam aspectos elementares, como a orientação das linhas ou a cor. Outros utilizam o seu processamento para isolar características, como ângulos e interseções de linhas, das quais é possível extrair a geometria do objeto independentemente da posição do observador, até representações que codificam objetos com características particulares, como rostos, casas ou animais.

3. O processamento preditivo

Esse tipo de organização hierárquica facilita a estratégia utilizada pelo cérebro para realizar rapidamente sua principal tarefa: a de nos permitir conhecer e agir no mundo. A estratégia consiste em usar o conhecimento disponível para prever as informações sensoriais recebidas. Basicamente, cada entrada ativa não apenas a representação neural correspondente a ela, mas também aquela que poderia ser mais provável no nível hierárquico superior. Eventuais previsões equivocadas são utilizadas para gerar novas e melhores previsões por meio de uma integração contínua e muito rápida de fluxos *bottom-up* (dos dados sensoriais à sua interpretação) e *top-down* (do conhecimento disponível à interpretação dos dados).

Esta é uma característica geral do funcionamento do sistema nervoso, que possibilita a adoção de padrões de ação economicamente vantajosos para o organismo, pois reduz a necessidade de cálculo ao garantir uma rápida adaptação às demandas ambientais. O que percebemos é o resultado de uma série de filtros que dependem, pelo menos em parte, de nossas experiências precedentes. Do ambiente que nos cerca, só conseguimos captar as variações de energia que nossos receptores são capazes de registrar e, destas, apenas o que nosso cérebro seleciona e processa. Resumindo: não somos máquinas, há sempre um elemento de subjetividade na experiência visual, do qual nascem as ilusões de ótica. No entanto, subjetividade não significa arbitrariedade: o fato de compartilhar a estrutura cerebral e a organização geral do fluxo de informações garante uma boa concordância entre o que eu vejo e o que é visto por cada um de vocês.

4. As áreas visuais associativas

Voltando à organização das áreas visuais, as células de V1 respondem à diminuição de um contraste de brilho (a borda de uma forma) e possuem um campo receptivo estreito; as células de V2, além de serem sensíveis à orientação de um contorno, são moduladas por propriedades mais complexas, como a disparidade retiniana (a diversidade das imagens dos dois olhos: pré-requisito para calcular com precisão a profundidade e a distância de um objeto); as de V4 à cor e as de V5 a um estímulo em movimento. Em geral, gradativamente afastando-se de V1, a complexidade da função desempenhada pelos neurônios aumenta e a amplitude do campo receptivo também aumenta (os neurônios respondem a estímulos apresentados em porções maiores do campo visual).

As pessoas que têm uma lesão na área V4 perdem a visão de cores. Chama-se *acromatopsia*: tudo parece desbotado, como era para o sr. L. L. e mesmo os contornos dos objetos não são mais bem definidos. A *acinetopsia*, após uma lesão na área V5, é, ao invés, a perda da visão do movimento: a pessoa vê a realidade como uma sucessão de fotografias, tem dificuldade para atravessar a estrada, porque não consegue avaliar a velocidade dos carros. Até mesmo servir uma xícara de chá pode se tornar difícil: não sendo possível avaliar a velocidade com que sobe o nível do chá na xícara, corre-se o risco de transbordar (ZIHL; VON CRAMON; MAI, 1983).

Como se chega, a partir desses aspectos — relativamente elementares, de nossas habilidades visuais — à percepção do objeto, ao seu reconhecimento como tal, independentemente da projeção de sua imagem em nossa retina?

5. A percepção da forma

A primeira etapa do processo perceptivo é a fase da *extração das características distintas* (*feature extraction*). As imagens que chegam ao nosso cérebro são divididas em formas mais simples (BIEDERMAN, 1987), que permitem uma descrição da imagem independentemente do ponto de observação do sujeito (por exemplo, um balde visto de lado ou visto de cima). Um elegante experimento realizado com tomografia por emissão de pósitrons (PET) possibilitou localizar essa fase no *córtex occipital lateral* (LOC), uma região do córtex localizada na fronteira entre o lobo occipital e o lobo temporal (KANWISHER et al., 1997). Eram apresentados aos participantes do estudo desenhos de objetos familiares, de objetos tridimensionais inexistentes e rabiscos. O fluxo cerebral (uma medida indireta da atividade nervosa) aumentava para objetos, tanto familiares quanto inexistentes (mas não para rabiscos), bem no LOC. É interessante notar que, neste nível, não há diferença entre objetos familiares e objetos inexistentes e que esta atividade já está presente e bem definida aos 6 meses de idade (EMBERSON et al., 2017). Quando esta área é lesada bilateralmente, o resultado é *agnosia aperceptiva*, como infelizmente aconteceu com a sra. D. F. (MILNER et al., 1991).

Ela tinha 34 anos, era de origem escocesa e morava na Itália, onde trabalhava como tradutora e intérprete. Durante o banho, ela perdeu a consciência em decorrência de uma intoxicação com monóxido de carbono, causado por um aquecedor de água com sistema de ventilação inadequado. Chegou ao hospital em coma. Depois de alguns dias, ela recuperou a consciência, mas parecia cega. Quando algo era aproximado rapidamente de seus olhos, ela não os fechava, mas diante de uma luz brilhante as pupilas se contraiam. O reflexo à luz é regulado por fibras que, após o quiasma, chegam à parte posterior do mesencéfalo: o fato de estar presente indicava que a cegueira não se devia a um problema no olho ou no nervo óptico, mas a um sofrimento do córtex visual.

Após cerca de dez dias, a cegueira começou a desaparecer. D. F. voltou a distinguir as cores mais brilhantes, mesmo que não conseguisse acompanhar com os olhos um objeto que se movia em seu campo de visão. Além disso, foram observados déficits de memória, desorientação espaçotemporal e incapacidade de realizar cálculos. O exame de ressonância magnética mostrou uma lesão na região inferior e lateral do córtex occipital, bem em correspondência com o LOC. Com o tempo, muitos aspectos do quadro clínico melhoraram, mas permaneceu uma agnosia visual aperceptiva para objetos, com incapacidade de discriminar até formas geométricas simples ou de copiar o desenho de um objeto (JAMES et al., 2003). O que lhe faltava era a percepção da forma dos objetos.

6. O reconhecimento dos objetos e dos rostos

O próximo passo, que a partir da percepção da forma leva ao *reconhecimento do objeto*, ocorre na parte inferior do córtex temporal. Qualquer pessoa com um distúrbio dessa fase tem uma agnosia associativa, como a de Gottlieb.

Sabemos já há algum tempo que nos primatas existem neurônios que possuem uma atividade seletiva para a imagem de uma mão (independentemente da orientação em que ela é apresentada), mas que não respondem se, em vez da forma da mão, se propõe a de uma luva (DESIMONE et al., 1984). Entre estes está um subgrupo de neurônios seletivos faciais, entre os quais alguns são mais ativos para algumas faces do que para outras. Esse tipo de seletividade levou à hipótese de que poderiam existir verdadeiras *unidades gnósicas*, neurônios que representam um determinado tipo de objeto ou até mesmo o rosto de determinada pessoa. É uma conjectura que tem sido ironicamente chamada de "teoria do neurônio da avó": uma hipótese bizarra, que pressupõe uma enorme multiplicação de unidades gnósicas e uma consequente fragilidade extrema do sistema. Danos em um ou em pouquíssimos neurônios específicos seriam suficientes para perder a capacidade de reconhecer a avó e somente a ela.

A alternativa é que os neurônios das áreas visuoperceptivas representem as propriedades distintas dos objetos e que cada objeto seja definido pela integração das características que o compõem. Desta forma, o reconhecimento não seria resultado da ativação de uma determinada célula (o neurônio da avó), mas da ativação conjunta de várias unidades distribuídas no córtex do lobo temporal. Nesse esquema, eu poderia reconhecer minha avó pela combinação daquele nariz, daquele corte dos olhos, daquele formato do rosto.

Relatado em termos experimentais, o problema da representação de imagens de objetos e pessoas foi abordado em um estudo (QUIROGA et al., 2005) realizado em pessoas com epilepsia resistente a medicamentos que, em vista da cirurgia, estavam sendo submetidas à monitorização eletrofisiológica invasiva. Para este tipo de investigação, são implantadas no cérebro agulhas muito finas, com as quais se registra a atividade elétrica das células nervosas e assim determina-se a localização do foco que deve ser extirpado. Como o cérebro não está equipado com receptores nociceptivos, esses registros não geram dor.

Oito pessoas e diferentes áreas do cérebro foram examinadas: o hipocampo, o córtex entorrinal e para-hipocampal e a amígdala, todas as áreas envolvidas mais com a memória do que com a percepção visual. Foi difícil encontrar células que respondessem aos estímulos apresentados, mas pelo menos em algumas ocasiões os resultados foram surpreendentes: um neurônio respondeu seletivamente a sete imagens diferentes da atriz Jennifer Aniston (mas, a nenhuma das outras 80 imagens, entre as quais, uma de Julia Roberts). Outro neurônio foi ativado apenas diante de imagens da atriz Halle Berry, com ou sem óculos escuros, com penteados bem diferentes um do outro, e até mesmo uma em que Halle Berry usava uma fantasia de Mulher-Gato, contudo, não para imagens em que a fantasia de Mulher-Gato era usada por outra atriz. Era preciso então concluir que haviam neurônios separados e distintos não apenas para a avó, mas também para as atrizes mais famosas?

Uma leitura mais atenta dos resultados desse estudo sugere que esses neurônios são ativados pela representação abstrata das duas atrizes (no caso de Halle Berry, o neurônio também respondeu à apresentação do nome escrito da atriz) e não pela síntese das características perceptivas das imagens das atrizes. As representações abstratas são de fundamental importância para a memória de longo prazo: são a síntese do conhecimento e das memórias que temos de uma pessoa, o que nos liga ao seu nome. Temos então um neurônio para a representação abstrata de cada pessoa que conhecemos?

A pesquisa de Doris Tsao e colegas sobre a organização do sistema de reconhecimento facial dos macacos nos permitiu descrever o código que o cérebro usa para identificar os rostos. Usando as mesmas técnicas de monitoramento neurofisiológico, Freiwald e Tsao (2010) identificaram seis grupos de neurônios no córtex temporal inferior do macaco que são ativados em resposta a características faciais específicas. Destes, três (os mais superficiais) responderam ao formato do rosto (por exemplo, a distância entre os olhos), os restantes (mais profundos) à aparência do rosto, independentemente do formato. Após terem definido as 50 dimensões que mais variam de um rosto para outro (25 relativas à forma e 25 à aparência), Chang e Tsao (2017) criaram 2 mil fotos de rostos, para cada uma das quais era conhecido o valor das 50 dimensões que as caracterizavam. Passaram, então, a medir as respostas aos rostos de 205 neurônios do macaco. No fim, demonstraram que eram capazes não apenas de prever quais neurônios seriam ativados para cada face, mas também de identificar a face mostrada com base no padrão de descarga do grupo de neurônios. Haviam, portanto, decifrado o código usado pelo cérebro para discriminar rostos.

Doris Tsao conta (ABBOTT, 2018) que em 2015, em Ascona, em um congresso onde apresentou os resultados de seu trabalho, conheceu Rodrigo Quian Quiroga, o cientista que havia descrito o "neurônio de Jennifer Aniston", e que após o jantar teve tempo para dialogar com ele. Quiroga lhe pediu uma opinião sobre a relação entre os neurônios da face que ela havia estudado e aqueles que, como o neurônio de Jennifer

Aniston, pareciam estar ligados a uma determinada pessoa. Ela se recorda que, por impulso, respondeu: "Provavelmente são seus precursores", mas depois não conseguiu dormir à noite porque não havia ficado satisfeita com essa explicação. Várias vezes ela observou que um único neurônio das camadas mais profundas respondeu para rostos de indivíduos que não se pareciam em nada uns com os outros: como era possível que isso pudesse acontecer? Procurando uma resposta para essa pergunta, começou a revisar as análises que ela e Chang haviam aplicado aos dados e ocorreu-lhe que a função que ela havia usado para a frequência de descarga dos neurônios era a mesma operação matemática que descreve um determinado tipo de projeção. Uma projeção explica, por exemplo, como é possível que objetos diferentes, dependendo de como estão dispostos em relação a uma fonte de luz, possam projetar as mesmas sombras. É a base do jogo chinês de sombras, para o qual, arrumando as nossas mãos de uma certa maneira, podemos projetar sobre uma parede a sombra de um cachorro, coelho ou águia.

Naquela noite, Chang levantou a hipótese de que as células projetassem diferentes dimensões de um espaço multidimensional: isso poderia ter explicado por que rostos diferentes podem provocar a mesma resposta em um neurônio da face. O córtex temporal inferior não hospeda neurônios que representam uma pessoa em particular: esse tipo de transformação teve que ocorrer em um lugar diferente e ainda mais profundo no cérebro.

No dia seguinte, Doris Tsao explicou sua hipótese a Quiroga: descobriu que ele também tivera a mesma ideia e apostou no resultado de um experimento que poderia confirmá-la. Prometeu-lhe uma garrafa de vinho cara se o resultado comprovasse que a hipótese estava errada, "porque se eu tivesse perdido teria ficado feliz sem o vinho". Assim aconteceu: Tsao perdeu a garrafa de vinho, mas publicou em 2017 o trabalho sobre reconhecimento facial que esclareceu o código de identidade facial no cérebro dos primatas (CHANG; TSAO, 2017).

Há boas razões para pensar que o mesmo tipo de código possa ser aplicado a todo o córtex temporal inferior e também possa afetar objetos diferentes e que, por exemplo, existam neurônios que codificam propriedades gerais (por exemplo, o fato de que sejam pontiagudos ou atarracados, animados ou inanimados). A identidade dos objetos seria assim construída a partir da combinação de muitas características, utilizando o mesmo tipo de código necessário para identificar um rosto. Esse padrão é bem adequado ao que observamos em humanos após lesões cerebrais. A percepção de um rosto, como qualquer outro objeto, pode ser alterada de várias maneiras. Trata-se de um processo que ocorre em etapas. Numa primeira fase podemos distinguir o rosto de uma pessoa daquele de outra, depois podemos ter a impressão de já tê-lo visto (a sensação de familiaridade), em seguida, a de ter qualquer informação sobre essa pessoa ("acho que é um esportista", "um ator", "um político") e, finalmente, podemos pronunciar o seu nome.

Mas se as fases são sempre as mesmas, as localizações anatômicas onde estas ocorrem variam em relação à imagem que estamos analisando. Os caminhos que levam ao reconhecimento da forma dos objetos e os que levam ao reconhecimento dos rostos distanciam-se muito cedo uns dos outros, assim como daqueles dedicados ao reconhecimento das palavras. A rede de reconhecimento facial tem uma primeira estação importante na chamada *área occipital das faces* (OFA), localizada medialmente em relação à área occipital lateral correspondente (LOC), crucial para o reconhecimento de objetos. Um segundo nó fundamental da rede está localizado no *terço médio do giro fusiforme*. Aqui a parte mais lateral é dedicada aos rostos, e é conhecida como FFA (área fusiforme da face), que também responde a imagens dos animais, já a mais medial é dedicada a imagens de objetos (por exemplo, as casas).

Não devemos, portanto, pensar que o cérebro trate a informação visual como um computador no qual, após uma série de etapas idênticas, se produz o reconhecimento do animal, do rosto, do utensílio ou do símbolo ortográfico. Preferimos pensar no cérebro como uma rede muito complexa de conexões dentro da qual o *input* que vem do nosso sistema sensorial, os olhos neste caso, percorre diferentes caminhos dependendo do estímulo que deve ser reconhecido e onde, no final do percurso, é a estrada percorrida que permite identificá-lo de forma unívoca. A "estrada" é a representação neural do estímulo, uma representação que tem diferentes níveis de complexidade, cada uma atribuída a uma região diferente do cérebro.

7. A especificidade dos rostos

O que determina o fato de que o *input* de um rosto siga um caminho diferente daquele de outro objeto? Às vezes, para a identificação de uma fisionomia pode ser suficiente focar em um detalhe (o formato do nariz, uma cicatriz) mas, mais frequentemente, é necessário combinar um conjunto de relações entre as diferentes partes do rosto e esta é uma operação que fazemos automaticamente, sem um controle consciente, e de forma muito mais eficiente quando se trata do tipo de rostos que conhecemos e vemos com mais frequência. Para os caucasianos é mais difícil distinguir a fisionomia de um asiático do que aquela de um semelhante e, inversamente, o mesmo acontece para os asiáticos com o rosto de um caucasiano. Há, portanto, um fator na base da especificidade dos rostos que depende do tipo de operações necessárias, mas também há um fator relacionado ao desenvolvimento de uma competência específica.

A psicóloga canadense Isabel Gauthier forneceu uma demonstração elegante do efeito da competência, usando um grupo de objetos imaginários chamados *greeble*[5] (ver a figura 1.4). No grupo dos *greeble* há famílias e, dentro de cada família, dois gêneros, aparentemente todos muito semelhantes entre si, mas na realidade distinguíveis com a prática.

Isabel Gauthier e colegas (1999) demonstraram, com a ressonância magnética funcional que, após ter treinado os sujeitos para categorizar corretamente este tipo de estímulos, foi ativado o FFA, a mesma área que é ativada para as faces.

O terceiro nó da rede neural envolvido no processamento das faces é a *parte ventral anterior do lobo temporal*. As lesões dessa área causam a prosopagnosia associativa. Aqui, o distúrbio diz respeito à memória dos rostos, não à sua percepção. A capacidade de distinguir fisionomias é preservada. O que está faltando é a capacidade de identificar a pessoa a quem o rosto pertence. Quem tem este distúrbio percebe que o rosto do cantor Checco

---

5. O termo *greeble*, em inglês, refere-se a um detalhe que, somado a um objeto de maior dimensão, o faz parecer mais complexo e, portanto, mais interessante. Os *greebles* foram usados, por exemplo, como elementos de construção das estações ou naves espaciais nos filmes de ficção científica, começando com os da série *Star Wars*.

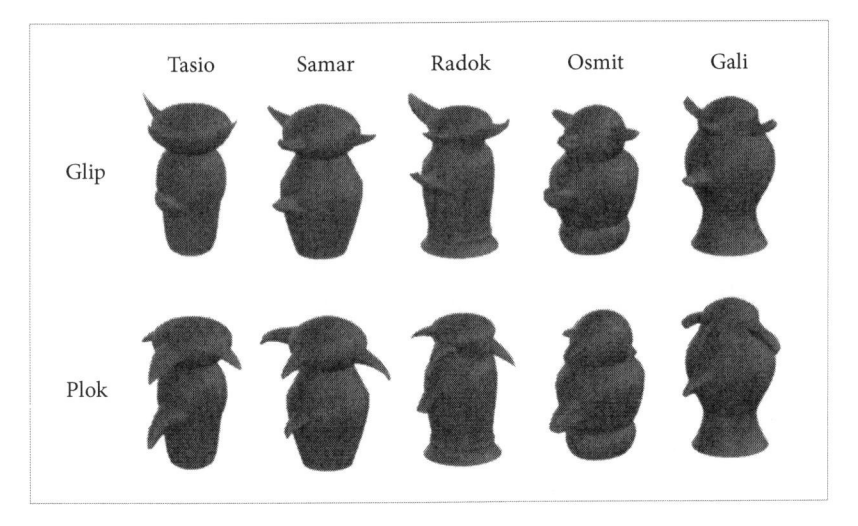

Fig. 1.4. Cinco famílias e dois tipos de *greebles*, uma categoria de objetos tridimensionais inexistentes criados por Scott Yu e usados como objetos de controle para estudos de percepção de rostos. Para discriminá-los uns dos outros, é necessário prestar atenção às sutis variações de forma.

Zalone é diferente daquele do juiz Adriano Celentano[6], mas, mesmo conhecendo-os, ao olhar sua fotografia, não sabe dizer se é a foto de um político, de um esportista, de um cantor ou de um ator.

8. O reconhecimento das expressões faciais

Para complicar ainda mais as coisas, o que descrevemos são as estruturas cerebrais que lidam com a análise da fisionomia, ou seja, daquelas características estáticas e invariantes do rosto humano que nos distinguem uns dos outros. O espaço entre os olhos, o formato do nariz, a distância da boca ao nariz e ao queixo não variam se a pessoa à minha frente estiver com raiva, triste ou com medo.

---

6. Checco Zalone é um famoso humorista e ator italiano e Adriano Celentano é um aclamado cantor italiano. (N. do E.)

Outras estruturas tratam de analisar os movimentos do rosto, as expressões faciais, a direção do olhar: tudo o que nos permite decodificar emoções. Há muito se sabe que a percepção das expressões faciais pode ser conservada naqueles que sofrem de prosopagnosia (Fox et al., 2011) e que, ao contrário, há pessoas que têm dificuldade em apreender e interpretar expressões, apesar de não terem dificuldade em reconhecer os traços (TODOROV; DUCHAINE, 2008). Estudos de *neuroimagem* funcional permitiram identificar, no *sulco temporal superior*, a região especializada no processamento dos movimentos faciais. Entre estes estão também, e não somente, as expressões emocionais que muitas vezes se revelam por meio de contrações muito rápidas da musculatura mímica do rosto (um fenômeno que foi estudado por Paul Ekman e relatado nas telas na série de televisão *Lie to me*)[7].

9. Como as expectativas influenciam a percepção

Até agora, consideramos apenas o processamento de imagens dentro do sistema visual. Vimos que ele ocorre em diferentes níveis, de complexidade crescente, mas nos limitamos a considerar a perspectiva *bottom-up* (do estímulo ao conhecimento). Na experiência visual cotidiana, no entanto, os mecanismos *top-down* também estão sempre ativos. Como entendemos que aquela mancha levemente borrada no meio do lago é um pato? As coisas geralmente se apresentam em cenários estereotipados. Se eu olhar para um lago, espero encontrar um pato. Quando entro em um banheiro, espero encontrar uma pia, um chuveiro, toalhas e assim por diante. A experiência constitui uma rica fonte de informações que orientam a possibilidade de previsão do objeto a ser identificado.

Com uma série de experimentos, utilizando tanto a ressonância magnética funcional (fMRI, que possui excelente resolução espacial) quanto a magnetoencefalografia (MEG, que possui uma excelente resolução temporal), o grupo de Moshe Bar e colegas (2006) demonstrou que o córtex

---

7. O tema é tratado no livro: EKMAN, Paul, *I volti della menzogna. Gli indizi dell'inganno nei rapporti interpersonali*, Firenze, Giunti, 2011.

orbitofrontal recebe informações sobre o objeto a ser reconhecido 50 milissegundos antes do córtex ventral do lobo temporal responsável pelo reconhecimento real do objeto. O córtex orbitofrontal, portanto, utilizaria informações mais grosseiras para estreitar o campo das hipóteses relacionadas ao *input* de chegada e integrá-las àquelas *bottom-up* para facilitar o reconhecimento.

Por sua vez, o córtex orbitofrontal está associado à inibição do comportamento, à regulação das emoções e ao sistema de recompensa. É aqui que as informações sensoriais são integradas ao contexto, para estabelecerem seu valor biológico para o organismo. A convergência de informações sensoriais, emocionais e contextuais contribui, assim, para criar uma interpretação mais rica do *input* perceptivo que minimiza eventuais erros. A interpretação vencedora é então enviada de volta às áreas visuais para modular sua atividade. Assim, fatores emocionais, culturais e sociais influenciam a percepção.

10. As alucinações visuais

Nossa percepção é, portanto, o resultado de um equilíbrio entre o peso atribuído às previsões geradas pelos mecanismos *top-down* e o do *input* sensorial. As alucinações visuais são o resultado de um desequilíbrio entre estes dois aspectos, o efeito da prevalência de influências *top-down* sobre evidências sensoriais contrastantes. Não é por acaso que o conteúdo das alucinações visuais na psicose, na doença de Parkinson e em outras patologias reflita associações originárias do contexto ambiental ou da memória autobiográfica, como quando animais de estimação, flores ou rostos de personagens familiares substituem contextos visuais ambíguos. Além disso, o efeito do humor no conteúdo das alucinações também é conhecido: por exemplo, não é incomum que, no processo de luto, a silhueta de qualquer pessoa seja percebida como se fosse a do ente querido que morreu.

Em todos esses casos, os estudos de neuroimagem mostraram um aumento de atividade no córtex pré-frontal medial e no córtex para-hipocampal (O'CALLAGHAN; MULLER; SHINE, 2014): estruturas que compõem o chamado *default network*, a rede neural associada à memória, à autorreflexão, à divagação mental, à imaginação, ao processamento emocional. A importância dos fatores afetivos no processamento das informações visuais é documentada pela síndrome de Capgras. Os que são por ela afetados têm uma capacidade normal de reconhecer as pessoas, mas insistem em dizer que parentes, amigos — e às vezes até utensílios domésticos — foram substituídos por impostores. Nesse caso, há um desacoplamento da informação afetiva em relação à informação sensorial. Os familiares não possuem a ressonância emocional esperada e, portanto, não são reconhecidos como tal. O substrato neurológico da síndrome de Capgras não está bem definido, mas notou-se que a apresentação de rostos familiares não provoca no doente aquelas alterações da condução cutânea que são indicativas do envolvimento do sistema nervoso autônomo que caracteriza, mesmo nos portadores de prosopagnosia, a resposta inconsciente para rostos familiares (ELLIS; LEWIS, 2001).

11. A decodificação dos sinais cerebrais

Nosso conhecimento sobre a mente e o cérebro progride com a convergência dos resultados obtidos com diferentes métodos e instrumentos. Nos últimos 25 anos, a ressonância magnética funcional (fMRI) desempenhou um papel de liderança. A fMRI se baseia no registro das variações de oxigenação cerebral em resposta a diferentes tipos de estímulos. Pressupõe-se que o aumento local na demanda de oxigênio reflita o aumento na atividade das células nervosas.

A boa resolução espacial do método, o fato de não ser invasivo e de que o equipamento esteja disponível para todos os hospitais de nível secundário, permitiu realizar muitos estudos experimentais sobre a especialização funcional das áreas visuais e construir verdadeiros mapas das redes neurais envolvidas no processamento de estímulos visuais de diferentes tipos. Com base nisso, alguns pesquisadores começaram a pensar na possibilidade de usar o conhecimento acumulado para decodificar os sinais cerebrais e inferir o que a pessoa está vendo ou viu, caso o processamento do sinal ocorra à distância da gravação.

Trata-se claramente de uma forma de "leitura da mente" que pode criar alguma perplexidade se pensarmos nos possíveis abusos no uso de uma técnica deste tipo, mas que tem um enorme valor demonstrativo do ponto em que o nosso conhecimento chegou e, em perspectiva, um enorme potencial de aplicação no campo médico (pense, por exemplo, no campo das neuropróteses). Esses estudos utilizam, de forma integrada, informações provenientes das áreas visuais primárias, nas quais os neurônios possuem campos receptivos menores e são agrupados de forma ordenada de acordo com a região do campo visual estimulado, e das áreas visuais secundárias, das quais se obtém informações sobre a tipologia das imagens apresentadas e sobre o seu movimento (NISHIMOTO et al., 2011).

O método padece, ainda hoje, de muitas limitações tecnológicas. Entre as mais importantes estão a baixa resolução temporal da ressonância magnética funcional e o fato de que o bloco de construção das imagens de ressonância magnética (o voxel) contém centenas de milhares de neurônios. No entanto, o resultado — principalmente para alguns tipos de imagens — já é surpreendente. Todos podem ter uma ideia do estado da pesquisa conectando-se ao site do laboratório de Jack Gallant e, em particular, a um vídeo disponível[8].

12. A visão residual em um campo cego

A pessoa que tem uma lesão do córtex visual direito relata que não vê, em uma área mais ou menos ampla, o que está à sua esquerda. A hemianopsia é esquerda para uma lesão direita e direita para uma lesão esquerda (ver o esquema na figura 1.3). No entanto, em alguns casos, aquele que sofre de hemianopsia é capaz de responder a estímulos sem percebê-los conscientemente. Para esse distúrbio, o psicólogo britânico Larry Weiskrantz (1926-2018) cunhou o termo *blindsight*, literalmente "visão cega", um oximoro ou paradoxo.

---

8. O site do laboratório de Gallant pode ser acessado em: <https://gallantlab.org>. O vídeo está disponível em: <https://vimeo.com/329376106>. (N. do E.)

Tudo começou com um meticuloso estudo das habilidades visuais de D. B., um homem de 34 anos que sofria de dor de cabeça desde os 14 anos (WEISKRANTZ et al., 1974). Os ataques eram sempre precedidos por uma luz intermitente que aparecia em uma região oval imediatamente à esquerda do ponto de fixação. Em poucos minutos, a oval cintilante se alargava, estendendo-se principalmente para baixo para ser substituída, após cerca de 15 minutos, por um ponto cego (escotoma[9]) com uma borda de linhas coloridas. Seguia-se uma intensa dor de cabeça, acompanhada, após uns quinze minutos, de vômitos. Nesse ponto, o escotoma se ampliava para incluir a área ocupada pelas linhas coloridas. A dor de cabeça podia durar até 48 horas, mas geralmente, depois de um bom sono, D. B. não tinha mais dor de cabeça e sua visão voltava ao normal.

Até os 20 anos, os ataques ocorriam a cada seis semanas. Depois tornaram-se mais frequentes: de três em três semanas. Até este ponto, a história clínica de D. B. é a de uma hemicrania típica, com aura visual. O único elemento ligeiramente incomum foi a estereotipia[10] absoluta das manifestações clínicas. Aos 25 anos, após um ataque, D. B. notou a presença de um escotoma menor do que o que tinha no curso das crises, mas persistente. O médico então decidiu submetê-lo a uma angiografia, um exame radiográfico que, por meio da injeção de um contraste nas artérias, permite visualizar a vascularização do cérebro. Os resultados mostraram a presença de uma má-formação arteriovenosa na área occipital direita (um análogo cerebral daquelas manchas vermelhas na pele também chamadas de "marcas de nascença").

Em consideração aos danos que as crises de enxaqueca causaram à sua vida familiar, social e laboral, foi indicada a D. B. a remoção da má-formação, que acometia grande parte do córtex calcarino direito. A intervenção ocorreu em junho de 1973: depois disso D. B. não teve mais crises de dor de cabeça, mas se viu com uma hemianopsia lateral homônima esquerda que poupou apenas uma pequena ilha no quadrante superior esquerdo.

---

9. Em grego *Skotos* é usado para designar a escuridão. Na medicina, "escotoma" indica uma alteração do campo visual que consiste de uma diminuição parcial ou total da capacidade de visão. (N. do R.)

10. Referência a comportamentos repetitivos, motores ou verbais. (N. do R.)

Em Oxford, no laboratório de Lawrence Weiskrantz, D. B. participou de uma série de experimentos bizarros, para dizer o mínimo. Em um deles, foi-lhe apresentada uma luz no campo cego e, embora afirmasse fortemente que não tinha visto nada, foi-lhe solicitado que apontasse com o dedo indicador para o local de apresentação do estímulo. A correspondência entre a posição do estímulo e a indicada "ao acaso" foi praticamente perfeita. Em outro experimento, foi-lhe pedido que dissesse se lhe era apresentada uma linha vertical ou horizontal, um X ou um O e, embora D. B. insistisse que não ter visto nada, mais uma vez suas conjecturas eram claramente superiores ao acaso e claramente dependentes do tamanho do estímulo.

Os resultados desses experimentos, compreensivelmente, criaram uma grande agitação na comunidade científica. Weiskrantz as relacionou com o que já havia sido observado no macaco com lesões no córtex visual (embora neste caso não fosse possível ter informações sobre a consciência do animal) e as atribuiu ao papel das vias visuais acessórias, por meio das quais a informação visual pode atingir o mesencéfalo e, em particular, os colículos superiores e, assim, orientar os movimentos do membro superior em direção ao estímulo. D. B. era capaz de localizar os estímulos que tinha visto e fazer uma análise grosseira da sua forma através das vias visuais acessórias e do processamento realizado ao nível do mesencéfalo. Mas ele não estava ciente de ter visto os estímulos porque a consciência visual requer a participação do córtex cerebral.

A observação de Weiskrantz foi posteriormente replicada por muitos outros pesquisadores, que ampliaram a lista das habilidades que podem ser conservadas em casos de *blindsight* ou, visão cega: não apenas a localização espacial, a orientação de linhas e a discriminação dos estímulos simples, mas também a discriminação de forma e cor, o processamento semântico[11] e os estímulos emocionais[12].

---

11. O processamento semântico de estímulos não percebidos conscientemente foi estudado com a técnica de *priming* semântico, ou o efeito que a exposição de um estímulo tem sobre a resposta a um próximo estímulo.

12. Para uma revisão desses aspectos: AJINA, Sara; BRIDGE, Holly. Blindsight and unconscious vision: What they teach us about the human visual system, *Neuroscientist*, v. 23, n. 5 (2016), 529-541.

13. A síndrome de Anton (a negação da cegueira)

Em uma das cartas ao amigo Lucílio[13], Sêneca conta o caso de Harpaste, uma escrava de sua esposa que sempre foi considerada "um pouco maluca" (*fatua*), e que de repente perdeu a visão, mas que, sem perceber que estava cega, pedia continuamente ao companheiro que a conduzisse porque a casa estava muito escura. Sêneca cita esse fato como um exemplo extremo da dificuldade de julgar a si mesmo, em particular os próprios defeitos, "doenças" (ganância, maldade). De fato, o caso de Harpaste é o primeiro exemplo da síndrome de Anton ou anosognosia em relação à cegueira. O distúrbio foi descrito pela primeira vez pelo neurologista austríaco Gabriel Anton, em 1899.

O termo *anosognosia* (do grego: incapacidade de reconhecimento da doença) foi introduzido pelo neurologista francês Joseph Babiński em 1914 a propósito da falta de consciência de um déficit neurológico (por exemplo, uma hemiplegia). A negação da perda de visão é um evento raro que pode ocorrer após uma lesão aguda no lobo occipital. O fenômeno geralmente é transitório: dura alguns dias ou algumas semanas e, como aconteceu a Harpaste, está associado à confabulação: os afetados dizem ver o que na realidade estão imaginando ou atribuem o fato de não ver aos ambientes escuros, às janelas fechadas, à penumbra.

Se na *blindsight* a pessoa com lesão do sistema visual vê sem saber, na síndrome de Anton ela não sabe que perdeu a visão. Esta dupla dissociação atesta a independência da consciência em relação à percepção visual e concorda bem com a interpretação que vê a consciência, mais do que localizada em certas áreas do cérebro, como uma propriedade emergente resultante da interconexão de inúmeras áreas cerebrais.

14. Como se organiza o cérebro dos cegos

A capacidade de adaptação do homem ao meio ambiente depende muito da visão. O desenvolvimento dessa habilidade é acompanhado por

---

13. SÊNECA, Lucio Anneo. *Epistulae Morales ad Lucilium*, epíst. 50, Milano, Mondadori.

uma extensão das áreas visuais do cérebro que não se compara a nenhuma das outras modalidades sensoriais. Mas o que acontece no cérebro de uma pessoa cega? O que fazem estas áreas do cérebro que, naqueles que veem, são especializadas no processamento de informações visuais?

O problema foi abordado por Sadato e colegas (1996), estudando com o exame PET as variações do fluxo cerebral em um grupo de pessoas cegas enquanto liam os caracteres em braille ou realizavam uma tarefa de discriminação de estímulos táteis. Os resultados mostraram um aumento do fluxo e, portanto, da atividade cerebral, nas áreas visuais primárias e secundárias das pessoas cegas, enquanto, nas mesmas áreas, a tarefa de discriminação tátil foi associada a uma diminuição do fluxo cerebral nas áreas visuais primárias das pessoas que enxergam. Era preciso concluir que as áreas visuais primárias das pessoas cegas são capazes de aceitar e processar estímulos táteis: uma demonstração de plasticidade cerebral que revolucionou as teorias sobre a organização cerebral.

Não é de surpreender que, a princípio, esses dados tenham sido recebidos com uma boa dose de ceticismo pela comunidade científica. No entanto, uma série de observações realizadas com diferentes métodos confirmaram os resultados de Sadato e mostraram que as áreas cerebrais destinadas à visão são dotadas de plasticidade intermodal, tanto no que diz respeito aos estímulos táteis quanto aos auditivos. Em suma, a visão não é necessária para "enxergar" o mundo, para formar uma representação efetiva do que nos cerca. Além disso, muitas vezes acontece, observando uma pessoa cega, perceber que sua capacidade de interagir com os objetos e com as pessoas e mover-se no espaço, excede em muito o que seria esperado de alguém que é completamente privado da visão.

A percepção pode, portanto, pelo menos em parte, ser independente da estimulação visual. Isso explica como é possível que algumas pessoas cegas possam se destacar em pintura, escultura ou fotografia[14]. Por fim, o caráter potencialmente supramodal de áreas cerebrais, antes conside-

---

14. Na pintura: John Bramblitt (disponível em: <https://bramblitt.com>), Eşref Armagan (disponível em: <http://esrefarmagan.com>); na escultura: Michael Naranjo (disponível em: <www.matteucci.com/michael-naranjo>), Stephen Handschu (disponível em: <www.handschusculpture.com>); na fotografia: Pete Eckert (disponível em: <http://peteeckert.com>), Kurt Weston (disponível em: <www.kurtweston.com>).

radas estritamente visuais, além de consentir uma melhor compreensão da organização cerebral, estimula a busca por instrumentos de reposição sensorial que permitam aos cegos compensar suas dificuldades.

15. Conclusões

Embora a audição e o tato também sejam importantes para os humanos, a informação visual domina nossa interação com o ambiente e, de alguma forma, também determina nossa maneira de pensar. "Ver" (da raiz indo-europeia *weid-) está intimamente relacionado, desde o início, com "conhecer" e essa relação também permanece na linguagem cotidiana. Em italiano podemos dizer "vedo" [eu vejo] para significar "eu entendo", como em inglês dizemos "I see". Essa predominância da informação visual sobre aquela que nos chega dos outros sentidos se reflete na extensão das áreas visuais que, no nosso cérebro de criaturas diurnas, não têm comparação com aquela das outras modalidades sensoriais.

Estudar a organização cerebral da percepção visual abre-nos à compreensão de princípios mais gerais que regulam o funcionamento do sistema nervoso: a especialização funcional, a interação entre diferentes níveis de processamento do sinal, o processamento prenunciador e o controle contínuo através de mecanismos *top-down*. O maior desafio dos próximos anos será compreender, cada vez mais detalhadamente, as operações realizadas nas diferentes regiões do cérebro que processam o sinal visual: é desses esforços que podem surgir soluções inovadoras para o desenvolvimento de implantes visuais corticais para pessoas cegas.

2. Perdidos no espaço

1. A síndrome de Bálint

Alberto entrou na clínica segurando a mão de Paula. Ele era alto, ombros largos, rosto queimado de sol. Ela, sua esposa, uma típica senhora de 60 anos, da região da Emilia-Romagna, um pouco acima do peso. Pareciam desorientados. Convidei-os a sentar nas duas cadeiras em frente à minha mesa. Enquanto eu apertava a mão de Alberto, Paula estava para sentar-se no vazio. Ela não tinha visto a cadeira, ou melhor, tinha visto, mas não a tinha localizado bem. Alberto percebeu com o canto do olho e conseguiu remediar segurando-a e movendo a cadeira. "Viu isso, doutor?", disse-me ele: "Este é o problema pelo qual o procuramos: minha esposa tropeça em obstáculos, precisa ser acompanhada, mas o oftalmologista me disse que o problema dela não é a visão. Eu sou caminhoneiro. Preciso trabalhar. Não sei como fazer. Há três meses eu a levo comigo em todas as viagens que faço. Ela dorme em uma cama que tenho na cabine do caminhão. Mas não podemos continuar assim". Paula assentiu, mas até então havia permanecido em silêncio.

Pedi a ela que me contasse o que havia acontecido. Disse-me que até dois anos atrás ela sempre esteve bem, apesar de, por oito anos, ter precisado tomar diariamente alguns comprimidos de um medicamento para controlar sua pressão arterial. Cerca de um ano atrás, ela teve alguns episódios de vertigem e um terceiro episódio no qual a vertigem foi associada à perda completa da visão por cerca de um minuto. "Pouco tempo, mas uma sensação terrível", disse-me ela. "Estávamos de férias à beira-mar: fui ao pronto-socorro no dia seguinte. Eles fizeram uma tomografia, disseram-me que eu tinha tido um pequeno AVC. Eles queriam me internar no hospital, mas eu me sentia bem e assinei um termo de responsabilidade para receber alta. Eles me disseram que eu deveria tomar algum tipo de aspirina todos os dias e parar de fumar". Alberto abriu uma pasta e me mostrou o relatório médico daquela internação no pronto-socorro. O exame neurológico indicava um déficit do campo visual na região inferior direita após lesão isquêmica na área parietal esquerda. "Desde então", continuou Paula, "percebi um pouco de dificuldade em ler e escrever, mas não dei muita importância a isso. Três meses depois, senti novamente uma vertigem, de novo acompanhada de uma perda completa da visão. Fiquei internada. Eles me disseram que eu tinha tido um AVC, desta vez na parte direita do cérebro. Depois de uma semana, a reabilitação começou. Nos primeiros dois ou três dias, tive algumas dificuldades de equilíbrio, mas depois voltei a andar. O problema era que eu não via os obstáculos. Desde então, eu tenho que estar sempre acompanhada pelo meu marido. Não posso mais cozinhar, não posso mais fazer nada em casa. Estou praticamente cega".

Alberto me explicou que, há um ano atrás, havia comprado um caminhão e aberto seu próprio negócio. Mas ele ainda não havia terminado de pagar as prestações da hipoteca e não podia parar o negócio, nem pagar alguém para ajudar sua esposa enquanto estivesse no trabalho. Para obter um subsídio, sugeriram que ele conseguisse um laudo para Paula, que atestasse sua cegueira, mas o oftalmologista não o havia emitido porque a visão de sua esposa era normal. Assim dizendo, tirou da pasta um laudo pericial, trazendo especificado que Paula tinha boa acuidade visual e que havia feito um estudo dos potenciais evocados visuais, cujos resultados foram negativos. Para esse exame, Paula sentou-se em frente a um monitor de televisão no qual aparecia um tabuleiro de xadrez preto e branco. A cada três segundos, o preto e o branco se alternavam. Tudo o que ela tinha que fazer era olhar para o monitor. Um par de eletrodos, como os usados para o eletroencefalograma, registravam a atividade do córtex visual. Um computador providenciava o isolamento do sinal cerebral que atestava a chegada da imagem do tabuleiro de xadrez ao cérebro. Assim, foi possível demonstrar que os estímulos dos olhos dela chegavam regularmente ao cérebro.

Examinei-a: de fato ela não era cega, mas encontrei nela todos os sintomas descritos por Rudolf Bálint e Gordon Holmes no início do século passado, e me peguei refletindo sobre o que realmente queremos dizer quando definimos a deficiência visual de uma pessoa cega. Em que a deficiência de Paula poderia ser considerada menor, comparada àquela de uma pessoa que havia perdido a visão como resultado de uma doença de ambos os olhos ou de uma lesão bilateral do córtex visual? Basicamente, em ambos os casos era necessária a presença de um acompanhante.

Immanuel Kant considerou o espaço (e o tempo) como realidade *a priori*, como pré-condições da experiência sensível: não podemos pensar um objeto sem um espaço que o contenha. No entanto, a neurociência mostra que o espaço é muito mais complexo do que um simples recipiente, que "ver" pressupõe tanto a percepção das formas quanto a percepção do espaço. Assim como a percepção de um objeto é o resultado de operações do cérebro em relação aos estímulos que recebe do ambiente, a cognição do espaço é o resultado das operações que realizamos movendo ou imaginando mover (para pegar ou evitar) os objetos que nos cercam.

Com base em uma série de estudos realizados em macacos, por Mortimer Mishkin e Leslie Ungerleider, sabemos que a informação visual, depois de atingir o córtex visual, segue duas rotas, a *via ventral, occipitotemporal* (também chamada de rota do *what*), responsável pela análise das formas e reconhecimento dos objetos, e a *via dorsal, occipitoparietal* (a via do *where*), pela localização e interação com os objetos. Essa intuição vem de longe. Em 1909, Bálint descreveu, em profundidade, um caso clínico que serviu de base para o estudo da organização cerebral da percepção do espaço. Os distúrbios eram muito semelhantes aos que Paula apresentava. Bálint não diz como seu paciente se chamava. Para facilitar, atribuiremos a ele iniciais fictícias. B. P. era um homem culto, colaborador, sem sinais de comprometimento cognitivo, que após alguns acidentes vasculares cerebrais (AVC), distantes poucos dias um do outro, percebeu que havia perdido a capacidade de usar as mãos: a força permaneceu a mesma, mas havia um déficit funcional que ele não conseguia descrever e que o impedia de desenhar e escrever. Ele também havia notado uma mudança em sua visão: às vezes, não conseguia ler, embora não entendesse bem o porquê. B. P. não tinha déficit de campo visual. Ele era capaz de reconhecer objetos e cores tanto à direita quanto à esquerda, mas examinando a acuidade visual, Bálint notou um comportamento estranho diante da tabela dos optotipos[1]: B. P. lia a letra da primeira linha no topo e depois a última letra da segunda, terceira e quarta linhas, e assim por diante para todas as linhas subsequentes. Se lhe pedissem para olhar bem, porque havia outras letras à esquerda, ele parecia espantado e, só depois de procurá-las por um tempo, conseguia lê-las. Bálint criou muitos experimentos com o objetivo de compreender a natureza deste fenômeno e o identificou como um distúrbio de atenção espacial. Qualquer objeto, grande ou pequeno, chamava a atenção de B. P. Se outro objeto — pequeno ou grande — aparecia no campo visual, a princípio ele não o percebia e, apenas insistindo no pedido para que ele olhasse bem, ele acabava notando-o: isso ocorria mais facilmente se o objeto estivesse à direita daquilo que ele estava observando. Bálint concluiu que B. P. tinha um estreitamento focal da atenção visual (*simultaneoagnosia*). Quando havia várias cartas presentes, embora as visse todas, levava em consideração apenas uma de cada vez, mostrando uma clara tendência a *direcionar a atenção para a direita*. Foi a primeira vez que a atenção espacial foi rastreada até uma lesão cerebral focal.

Bálint notou outro fenômeno, que ele chamou de *ataxia óptica*. B. P. tinha enorme dificuldade em alcançar um objeto com a mão para agarrá-lo. Este distúrbio teve sérias consequências na vida cotidiana. Mais de uma vez, usando a mão direita, ele trouxe o fósforo até a metade, e não na ponta de um cigarro que desejava acender. B. P. atribuiu suas dificuldades à visão, mas na realidade ele podia ver bem: de fato, ele não

---

1. Carta ou quadro de Snellen é um diagrama criado pelo oftalmologista holandês Herman Snellen, em 1862, utilizado para avaliação da acuidade visual, ou seja, a capacidade funcional do olho. Trata-se de uma tabela constituída por linhas diversas com letras que variam de tamanho. A capacidade de leitura a uma determinada distância resulta na determinação da acuidade visual da pessoa. (N. da T.)

tinha problemas para alcançar objetos com a mão esquerda. O problema também não era motor, porque a mão direita não tinha dificuldade em alcançar qualquer parte do corpo (a ponta do nariz, uma orelha) ou em imitar a postura da mão esquerda. Tratava-se, portanto, um distúrbio da coordenação visomotora, que consistia na incapacidade de realizar um movimento preciso em direção a um objeto no campo visual. Bálint acompanhou B. P. por 6 anos, até sua morte, e além de descrever os distúrbios de B. P., relacionou-os com as lesões de ambos os lobos parietais observadas durante a autópsia.

Assim como B. P., Paula apresentava um estreitamento extremo da atenção visual e uma ataxia óptica, que no seu caso afetava tanto os membros superiores como todas as posições do espaço. Ela também teve outros dois sintomas que mais tarde foram descritos por Gordon Holmes: a *apraxia do olhar* e a *incapacidade de estimar as distâncias relativas dos objetos*.

O termo *apraxia* significa, em geral, um distúrbio no qual os movimentos voluntários não parecem coordenados e direcionados a um propósito. É difícil estabelecer, para os movimentos oculares, a fronteira entre os voluntários e aqueles involuntários. Se, por exemplo, algo novo aparece na periferia do campo visual, os olhos imediatamente se movem em direção à novidade. Esses movimentos rápidos de deslocamento do olhar são chamados de sácades, porque parecem repentinos como um puxão (em francês *saccade*) das rédeas de um cavalo ao qual o jóquei quer fazer mudar de direção. Diante de um rosto, com poucas sácades, instintivamente exploramos os olhos e a boca e, com isso, reconhecemos a pessoa e temos uma ideia de suas emoções. Se algo interessante se move para o campo de visão, os olhos o seguem com um movimento igualmente instintivo. Aqueles que sofrem de apraxia do olhar não direcionam automaticamente seus olhos para o objeto e não o seguem se este se move. O resultado é um olhar que vagueia casualmente, como se estivesse perdido no vazio.

Para avaliar a distância relativa ou a profundidade dos objetos, nosso sistema perceptivo usa muitos indicativos: para alguns, apenas um olho é suficiente, para outros, são necessários os dois olhos. Com apenas um olho, somos capazes de estimar a distância com base no tamanho relativo, nas sombras, nas sobreposições dos contornos e na estrutura da superfície dos objetos. Com ambos os olhos, entra em jogo a estereopsia[2] que, para calcular a profundidade, tira partido do fato de os dois olhos receberem imagens ligeiramente diferentes do mesmo objeto. Nas pessoas com síndrome de Bálint, o déficit diz respeito à integração de todos estes indícios e assim, se eu colocasse dois lápis na frente de Paula, um vermelho e um azul, ela não saberia dizer qual era o mais próximo, mesmo que um estivesse a 30 centímetros dos olhos e o outro meio metro. Isso explica por que, quando apontei a cadeira em que ela poderia se sentar, ela esteve prestes a se sentar no vazio.

Também B. P. tinha apraxia ocular e dificuldade em avaliar a distância relativa dos objetos, mas Bálint atribuiu esses distúrbios a um déficit de atenção. Devemos, portanto, a Holmes — que tinha examinado seis pessoas que, após ferimentos à bala durante a Primeira Guerra Mundial, tiveram lesões semelhantes às de B. P. — o reconhecimento de que se tratava de distúrbios autônomos.

Está tudo claro então? Não exatamente. O modelo mais simples de atenção visual é o da lanterna: a atenção é vista como um feixe de luz que ilumina uma porção do espaço. Na maioria das vezes, a atenção se move com os movimentos oculares, mas também pode ser movida mantendo-se os olhos parados, como quando o jogador de futebol ou basquete finge continuar a ação na direção dos olhos, mas desvia a atenção para o companheiro de equipe, para quem passará a bola. Podemos pensar que para B. P. e para os pacientes descritos por Holmes seja mais difícil orientar a lanterna da atenção no espaço. Um experimento simples nos mostra que as coisas são mais complexas. Glyn Humphreys e Jane Riddoch (1993) apresentaram a estes pacientes, em uma tela, somente bolas vermelhas, somente bolas verdes ou bolas verdes misturadas com bolas vermelhas. A tarefa era muito simples: eles tinham que dizer o que viam. Quando as bolas vermelhas eram misturadas às verdes, visto que viam apenas uma bola de cada vez, muitas vezes diziam que havia somente bolas de uma cor, um efeito da simultaneoagnosia. No entanto, suas respostas melhora-

---

2. Diz-se da disparidade espacial de duas imagens que são percebidas binocularmente: mediante essa percepção diferenciada é possível ao observador calcular a profundidade e a distância dos objetos. (N. do R.)

vam significativamente se as bolas verdes fossem conectadas às vermelhas por um traço: neste caso as duas bolas formavam um novo objeto (uma espécie de halteres) e era mais fácil identificar as cores. Uma observação semelhante havia sido relatada anos antes por Aleksandr Romanovič Lurija (1902-1977): uma pessoa com uma lesão occipitoparietal bilateral, a lesão típica da síndrome de Bálint, não reconhecia o símbolo da Estrela de Davi se os dois triângulos que a compõem fossem desenhados em cores diferentes, mas não tinham dificuldade se fossem da mesma cor.

Ao lado de uma atenção voltada para uma porção do espaço, há, portanto, uma atenção atraída pelos objetos. As propriedades das informações visuais são processadas em paralelo, por áreas distintas: a forma do objeto, na via occipitotemporal (sistema do *what*), o espaço, na via occipitoparietal (sistema do *where*). A percepção dos objetos requer uma síntese, um processo de *binding*, que reconduz à unidade as elaborações realizadas pelas áreas distintas. A interação entre a atenção seletiva baseada no objeto e baseada no espaço constitui o pré-requisito para esta etapa fundamental da percepção.

Outro distúrbio neuropsicológico, a *neglect* ou negligência espacial unilateral, permitiu-nos abrir uma janela sobre a organização cerebral dos sistemas que regulam estes aspectos da atenção.

2. A negligência espacial unilateral

Quem sofre de negligência espacial unilateral (*neglect*), não come o que se encontra na parte esquerda do prato, veste as calças e camisas apenas do lado direito, tropeça em obstáculos à esquerda e lê apenas a metade direita de uma manchete de jornal ou, ainda, de uma palavra.

O termo *neglect* apareceu pela primeira vez em 1941 na revista *Brain*, em um artigo do homônimo neurologista britânico (BRAIN, 1941). Brain havia descrito o caso de três pessoas que, após uma grande lesão do lobo parietal direito, não foram mais capazes de seguir caminhos que lhes eram familiares (de um quarto para outro, em sua casa) devido a uma tendência particular de irem para a direita mesmo quando tivessem que virar na direção esquerda. O autor traçou o comportamento deles e o chamou de "desatenção ou *neglect* para a metade esquerda do espaço externo".

Manifestações típicas de um transtorno de orientação da atenção para o lado oposto à lesão são realmente possíveis, também após lesões do hemisfério esquerdo, mas são muito mais frequentes e graves após lesões do hemisfério direito. De fato, quem for, por um tempo, a uma enfermaria de hospital onde os que sofreram um acidente vascular cerebral estão internados, notará que os pacientes que têm paralisia dos membros esquerdos (e, portanto, uma lesão do hemisfério direito) frequentemente têm a cabeça e os olhos voltados para a direita e não se importam com o que acontece à esquerda. A observação é quase tão comum quanto a associação dos transtornos de linguagem em pessoas com membros direitos paralisados, que sofreram lesões do hemisfério esquerdo.

Como é que um distúrbio tão comum foi reconhecido tão tarde e só foi completamente estudado nos últimos cinquenta anos? Os motivos podem ser mais de um. A negligência espacial é um distúrbio perceptível nas primeiras semanas após um AVC, de modo que, muitas vezes, desaparece e pode ser difícil ver as implicações. Além disso, frequentemente aparece junto com um déficit de campo visual ou uma hemianopsia esquerda: o observador de uma pessoa com *neglect* poderia atribuir os distúrbios que o caracterizam ao defeito do campo visual ou, melhor, à falta de consciência (anosognosia[3]) para hemianopsia.

No entanto, a anosognosia nem sempre acompanha a hemianopsia. O caso de um pintor demonstra isso. Anton Räderscheidt nasceu em Colônia em 1892. Teve uma vida difícil e conturbada porque precisou emigrar, primeiro para a França e depois Suíça, para escapar das perseguições do regime nazista que havia chamado seu trabalho de "arte degenerada". Em 24 de setembro de 1967, aos 74 anos, sofreu um AVC que lhe causou paralisia nos membros esquerdos e uma grave forma de negligência espacial. Eis o que ele escreveu sobre as consequências do AVC que o atingiu:

> Usando toda a minha força de vontade, quero forçar meus olhos a enxergar corretamente novamente... Um AVC me arrancou da cena da vida... sinto

---

3. Qualquer déficit motor ou sensorial pode ser acompanhado por uma falta de consciência do próprio déficit. No caso de anosognosia para hemianopsia esquerda, o paciente não vê os objetos no campo visual esquerdo, mas não sabe que não os vê.

falta das minhas cores brilhantes... reproduzir o que me rodeia é muito difícil. Nada permanece no lugar, nada mantém sua forma. Talvez eu consiga manter uma forma crível agora, se eu puder usar esse movimento permanente... Antigamente eu sentia que estava perseguindo a forma, agora me parece mais como se eu estivesse tentando pegar uma truta em água corrente usando minhas próprias mãos... Pintar é como domar um animal feroz (Bäzner; Hennerici, 2007).

Na figura 2.1 estão registrados uma série de autorretratos de Räderscheidt, que mostram a evolução do seu *neglect*, ao longo do tempo.

Após o AVC, Räderscheidt ficou física e mentalmente devastado, mas, quando começou a recuperar parcialmente suas forças, retomou a pintura. De dezembro de 1967 a junho de 1969, produziu mais de 60 autorretratos. Do primeiro (figura 2.1a), mais próximo da data do AVC, até o último (figura 2.1d), nota-se que falta o lado direito de seu rosto (que apareceu à esquerda no espelho) ou que está menos detalhado que o esquerdo. Além disso, o retrato é deslocado para a direita em relação ao centro da tela, embora cada vez menos, ao passar dos retratos mais próximos aos mais distantes do AVC. O primeiro aspecto diz respeito a uma negligência espacial centrada no objeto observado. O segundo é um transtorno centrado no espaço extracorpóreo.

O diretor de cinema Federico Fellini nos forneceu outro exemplo de plena consciência dos déficits de exploração espacial ligados ao *neglect*. Aos 73 anos, Fellini teve um AVC associado a uma lesão das regiões posteriores do hemisfério direito. Ele foi hospitalizado em Rimini, sua cidade natal, e depois transferido ao Hospital de Ferrara para tratamento de reabilitação. Fellini apresentava paralisia e severo déficit sensitivo nos membros esquerdos e déficit de campo visual no quadrante inferior esquerdo. Além disso, apresentava um *neglect* que foi descrito em detalhes e publicado em um trabalho científico (Cantagallo; Della Sala, 1998).

Durante seu período de reabilitação, Fellini, que também era pintor e cartunista, costumava usar o desenho para retratar, de maneira lúdica, sua dificuldade em direcionar a atenção para a esquerda. A figura 2.2a mostra um desenho dele, quando solicitado pelo médico que marcasse a metade de uma linha horizontal. O ponto escolhido está à direita do meio. Na linha, o perfil de uma figura humana que se move com esforço

Fig. 2.1. Autorretratos do pintor Anton Räderscheidt, em momentos diversos, após um grave acidente vascular cerebral (AVC) do hemisfério direito, que lhe causou um *neglect* para a metade esquerda do espaço.

da direita para a esquerda, em direção ao meio. Olhando de perto, faltam alguns elementos no lado esquerdo: também Fellini teve um *neglect* centrado no objeto.

Fig. 2.2. Federico Fellini personalizou os exercícios que lhe foram atribuídos pelo neuropsicólogo. Em a) ele teve que marcar o ponto médio do segmento (que está claramente deslocado para a direita). Em b) o esboço relata uma discussão entre ele e o neuropsicólogo. Nos balões o diálogo escrito por Fellini: "Vai a mensa!" [Vai para a cantina!] e "Vai a metà!" [Vai até a metade!].

Mas, apesar do tom jocoso, a consciência de suas dificuldades estava intimamente ligada a considerações pessimistas. Fellini estava perfeitamente ciente dos transtornos associados ao *neglect*. Na figura 2.2b, a imagem da direita (o fisioterapeuta) diz "vai até a metade", a da esquerda (Fellini) responde "vai para a cantina", como se dissesse "me deixe em paz, cuide da sua vida". Um dia, ele disse para uma pessoa que veio vê-lo que, se os Sete Anões tivessem entrado pela porta à sua esquerda, ele não teria notado nada. A um amigo, disse que é terrível quando a mente anda tão rápido, como sempre, mas o corpo não responde mais aos comandos e que ele teria preferido morrer a viver como um homem incompleto.

Um teste foi proposto a Fellini, com o objetivo de avaliar se seu *neglect* era estritamente visuoespacial e, portanto, se dizia respeito apenas aos objetos apresentados visualmente, ou se era consequência de uma alteração na representação do espaço, independente da visão. Utilizou-se um teste de exploração tátil, durante o qual, com os olhos vendados, deve-se recuperar uma bolinha de gude escondida na extremidade de um dos quatro braços (dois à direita e dois à esquerda) de uma espécie de labirinto. Fellini também mostrou, neste teste, um *neglect* para o espaço esquerdo, em particular para o quadrante inferior. Para ele, assim como para muitos pacientes com *neglect*, era como se aquela parte do espaço não existisse ou estivesse comprimida em relação à sua extensão real.

3. A negligência espacial não é somente visual

Qual é, então, a origem da negligência espacial? Uma série de pesquisas realizadas nas décadas de 1970 e 1980 demostrou que não é um fenômeno limitado ao campo da percepção visual. Em vez disso, trata-se de um transtorno multimodal da representação e da exploração do espaço.

Além de demonstrar que o fenômeno poderia persistir mesmo com os olhos vendados, os estudos que documentaram a existência de *negligência para a representação mental* de uma cena visual foram de grande importância. No início havia uma observação clínica (BISIACH; LUZZATTI, 1978). Foi pedido a duas pessoas com *neglect*, residentes em Milão, que imaginassem estar na *Piazza del Duomo*, em frente à catedral, e descrevessem tudo o que havia na praça. Olhando para a catedral, a descrição das duas pessoas incluiu o Arcebispado, o Palácio Real, o Palácio do Arengario e as lojas na arcada, à direita, mas ignorou o que havia à esquerda. Foi pedido, então, que repetissem o teste, imaginando que haviam saído da igreja, ou seja, encontrando-se de costas para o adro. Só então os pacientes nomearam a loja *La Rinascente*, a *Galleria*, a praça *Mercanti*, que, na perspectiva anterior, estavam à esquerda e, portanto, negligenciadas, mas que, do novo ponto de vista, encontravam-se à direita. Para eles, o *neglect* estendia-se assim, à representação mental do espaço.

Essa conclusão foi então confirmada num contexto experimental controlado, utilizando a percepção anortoscópica, ou seja, o efeito pelo qual uma figura, ao ser apresentada fazendo-se deslizar uma imagem por trás de uma fenda estreita é, no entanto, percebida na sua totalidade. No teste, figuras de nuvens passaram lentamente por trás de uma fissura. Passava primeiro uma e, logo em seguida, outra. Era preciso dizer se as duas nuvens eram iguais ou diferentes. Era necessário reconstruir mentalmente as imagens que haviam sido apresentadas na parte central da retina. Seria possível, assim, excluir qualquer efeito de um eventual déficit do campo de visão. Entretanto, mesmo neste teste, as pessoas com negligência falhavam. E elas falhavam especialmente se, no lado esquerdo da imagem reconstruída, as nuvens fossem diferentes (BISIACH; LUZZATTI; PERANI, 1979).

Naquela época, duas teorias se contrapunham para explicar o *neglect*: uma dizia que se tratava de um transtorno da atenção, ao passo que a outra afirmava que se tratava de um transtorno da representação do espaço. Segundo outros (POUGET; SEJNOWSKI, 1997), a representação e a atenção estão, na verdade, intimamente ligadas: a negligência espacial pode ser o resultado de uma disfunção das áreas que atuam como interface entre os sistemas responsáveis pela posição dos objetos, e aqueles que controlam a ação no espaço.

A respeito da atenção, devemos pensar, não como um simples mecanismo *top-down* ligado à "vontade", e ao espaço não como o recipiente em que percebemos os objetos, mas como o ambiente em que nos movemos para alcançá-los ou evitá-los. Um espaço que possui diferentes segmentações, em relação ao nosso corpo e à possibilidade de alcançar objetos.

Distinguimos um *espaço pessoal* (o corpo), um *espaço peripessoal*, que pode ser alcançado para se chegar a um objeto, e um *espaço extrapessoal*, fora de nosso alcance. E assim, há pessoas que negligenciam o lado esquerdo do corpo: não se vestem e não penteiam os cabelos para a esquerda, mas, não têm limitações para explorar o espaço peri e extrapessoal. Para outros, a negligência diz respeito apenas ao espaço peripessoal, próximo ao corpo (HALLIGAN; MARSHALL, 1991), ou ao espaço extrapessoal, afastado do corpo (COWEY; SMALL; ELLIS, 1994).

O que acontece quando o ponto para o qual direcionar a atenção está mais longe do que o alcance de ação do membro superior? Anna Berti e Francesca Frassinetti (2000) descreveram o caso de uma senhora de 77 anos que, após lesão do hemisfério direito, apresentou negligência para o lado esquerdo, quando tinha que indicar o ponto médio de uma linha com uma marca de lápis, mas sem que tivesse nenhuma dificuldade em fazer isso em uma tela por meio de um ponteiro laser. A lesão, portanto, comprometeu o processamento do espaço próximo, não o distante. A negligência espacial, no entanto, reaparecia se ela, para marcar o ponto médio da linha na tela, utilizasse um bastão, demonstrando que, de fato, o cérebro codifica o espaço não em termos de distância absoluta do corpo, mas com base no fato de que seja alcançável, com a mão ou com algo que a prolongue.

4. Hemisomatoagnosia e hemisomatoparafrenia

A negligência do espaço pessoal ou corporal se manifesta em casos mais leves na forma de não utilização ou exploração de uma metade do corpo: a pessoa não faz a barba, não usa maquiagem, não cuida da parte do corpo oposta à lesão. Em casos graves, manifesta-se como uma negação ativa do déficit motor ou sensorial e da incapacidade de usar o lado esquerdo do corpo (*hemisomatoagnosia*).

Lembro-me de Maria, uma senhora de 70 anos que acompanhei durante uma paralisia completa dos membros esquerdos. Ela foi hospitalizada em um quarto com duas camas. As enfermeiras intervieram várias vezes porque ela estava tentando sair da cama, mesmo incapacitada de se manter na posição sentada. Eu havia pensado em colocar as grades laterais na cama, o que deveria impedi-la de seu objetivo, mas não tinha certeza porque, se por acaso ela conseguisse passar por cima delas, uma possível queda seria ainda mais desastrosa. Várias vezes eu havia mostrado a Maria que seu braço e perna esquerdos não se moviam. Ela continuava negando. Quando lhe pedi para levantar o braço esquerdo, ela levantou o direito. A meu pedido: "Bata palmas, dê uma salva de palmas", ela acenou com a mão direita como se quisesse fazê-lo. "Não ouvi o som dos aplausos", respondi, e ela sem hesitar, disse: "Estamos em um hospital, é falta de educação fazer muito barulho". Era fundamental que ela tomasse consciência de seu déficit motor, não só para evitar uma queda do leito, mas também porque, sem consciência, nenhum tipo de fisioterapia ativa era possível. Naquele dia, ao entrar no quarto, Maria virou-se para a vizinha de cama e disse: "É esse aí, o médico que quer me convencer de que estou paralisada. Ele não quer me mandar para casa e me mantém presa à cama".

Em outros casos, a negligência de uma parte do corpo está associada a delírios reais. Chama-se *somatoparafrenia*. Renata era uma senhora de 82 anos, independente, sem antecedentes neurológicos ou psiquiátricos. Ela gostava de escrever poesia e canções. De repente, ela se queixou de uma forte dor de cabeça e perdeu força nos membros esquerdos. Os testes mostraram que ela tinha uma hemorragia profunda no hemisfério direito do cérebro. Havia paralisia e déficit acentuado de sensibilidade nos membros esquerdos, um *neglect* do hemiespaço esquerdo e uma grave anosognosia. Dizia que a mão da sua irmã estava em sua cama, era uma mão dura, imóvel. Ela estava convencida de que isso havia acontecido porque na noite anterior à internação ela havia ido visitar sua irmã, que estava internada em outro hospital, em estado vegetativo, e havia tocado em sua mão. Renata não apresentava sofrimento emocional ou alterações do comportamento e reconhecia a estranheza do fenômeno. Quando lhe perguntei: "Como é possível que a mão da sua irmã tenha ido parar na sua cama?", ela respondeu: "Coisas estranhas podem acontecer no subconsciente", e acrescentou ironicamente: "terei que pedir à minha irmã que pague pelo estacionamento de sua mão". Depois de alguns dias, Renata começou a reconhecer que a mão da irmã não estava na cama. Dizia que uma enfermeira, de manhã cedo, a levara para a mesa de cabeceira, e que ela a colocaria de volta em sua cama à noite. Por alguns dias ela continuou afirmando que a mão de sua irmã estava no quarto do hospital, na mesinha de cabeceira ou em uma mesa, e que à noite, voltava para sua cama. Mesmo depois, ela continuou a relatar o fenômeno da mão de sua irmã como um fenômeno real, tanto que dedicou uma música a ele (PUGNAGHI et al., 2012).

5. A dislexia da negligência e a leitura inconsciente

Um caso especial é o dos transtornos de leitura causados por negligência (a *dislexia de negligência*). Em pessoas com lesão hemisférica direita, a negligência diz respeito ao lado esquerdo da palavra, em coordenadas egocêntricas (baseadas no observador) ou em coordenadas baseadas no estímulo, ou seja, as primeiras letras à esquerda, independentemente da posição da palavra em relação ao observador. Em ambos os casos o distúrbio desaparece se as letras da palavra a ser lida forem dispostas verticalmente. Mais raramente pode acontecer que a negligência diga respeito à parte esquerda da representação ortográfica da palavra, ou seja, por exemplo, que a palavra MODENA seja lida como "DENA", mesmo quando é apresentada como "ANEDOM" ou com as letras dispostas verticalmente. Esse distúrbio também pode ser observado após lesões do hemisfério esquerdo, caso em que a negligência se encontra no lado oposto. No caso mais comum de negligência à esquerda, podem-se encontrar erros de omissão (por exemplo, "salário" lido como "rio") ou de substituição, seja por palavras do mesmo tamanho ou de tamanho menor (por exemplo, "bancada" lido como "sacada" ou "planta" lido "santa") ou ainda, mais raramente, de substituição por palavras de maior comprimento ("mal" lido como "natal").

Berti, Frassinetti e Umiltà (1994) examinando M. D., um homem de 22 anos que, após um acidente de carro, desenvolveu negligência grave do lado esquerdo, com dislexia por negligência grave, questionaram se M. D., sem perceber, tinha acesso ao significado das palavras que ele não conseguia ler corretamente. A questão, aparentemente paradoxal, surgiu de uma observação de Marshall e Halligan (1988), que haviam descrito o caso de um paciente com negligência grave, que declarava idênticos dois desenhos de uma casa, sendo que em um deles o lado esquerdo aparecia em chamas e, no entanto, se perguntado em qual das duas casas ele gostaria de morar, escolheu sem hesitação aquela sem fogo.

Anna Berti, Francesca Frassinetti e Carlo Umiltà (1994) usaram o Teste de Stroop, um teste de atenção seletiva em que você é solicitado a pronunciar, rapidamente e em voz alta, a cor da tinta com a qual os nomes das cores são escritos. Se a palavra "vermelho" for escrita com tinta vermelha o estímulo é congruente, se for escrita com tinta de cor diferente é incongruente. Uma lista de cores incongruentes é pronunciada muito mais lentamente do que uma lista de cores congruentes. De fato, há uma tendência a se ler automaticamente o significado da palavra escrita e isso retarda o reconhecimento da cor da tinta com a qual está escrita: um efeito que pode muito facilmente ser verificado por qualquer pessoa. D. M., diante de uma lista de cores, não leu mais de 30% das palavras corretamente. Aqui se esperava, portanto, que não houvesse um "efeito Stroop", que relatasse as cores sem diferenças entre estímulos congruentes e incongruentes, como, em vez disso, ocorreu. D. M, portanto, tinha um acesso inconsciente ao significado das palavras que não conseguia ler. A mesma conclusão também foi alcançada com outros métodos, ampliando as áreas em que nosso sistema cognitivo consegue operar inconscientemente.

6. O cérebro e a atenção espacial

Até o presente momento, temos considerado a negligência após lesões do hemisfério direito, porque é mais frequente, mais grave e mais duradoura do que aquela que pode ser observada após às lesões do hemisfério esquerdo. Mas, por que isso acontece? Segundo M. Marsel Mesulam (1999), no hemisfério direito está representado todo o espaço, direito e esquerdo, enquanto no hemisfério esquerdo há somente a representação do espaço direito. Consequentemente, após uma lesão do hemisfério esquerdo, a representação do espaço esquerdo seria compensada pelo hemisfério direito. Ao contrário, uma lesão do hemisfério direito não teria nenhuma possibilidade de ser compensada.

Na realidade, as lesões no hemisfério direito comprometem não apenas a atenção espacial, mas também o estado de alerta e a atenção sustentada, ou seja, a capacidade de responder a estímulos pelo tempo necessário para a realização de uma tarefa. Uma observação clínica comum é que as pessoas hospitalizadas em consequência de um AVC no hemisfério direito apresentam com maior frequência, e por mais tempo, uma sonolência profunda, mais do que aquelas que sofreram um AVC no hemisfério esquerdo. Há também uma íntima correlação entre a atenção sustentada e a orientação preferencial da atenção para a direita. Com base nisso, Maurizio Corbetta e Gordon L. Shulman (2011) propuseram um modelo segundo o qual a assimetria na orientação da atenção, observada em pacientes com negligência após lesões hemisféricas direitas, seria o resultado indireto da assimetria hemisférica das redes neurais que regulam a atenção sustentada e o estado de alerta e, mais geralmente, a capacidade de direcionar a atenção para um estímulo inesperado.

Se o leitor está lendo este livro, espero ser capaz de chamar sua atenção. Trata-se, neste caso, de *atenção voluntária ou endógena*, um tipo de atenção dirigida a um propósito, que atua com mecanismos chamados *top-down*. Se, durante a leitura, uma tempestade irrompesse e um relâmpago cruzasse a janela ao lado, sua atenção se deslocaria automaticamente para a janela e, provavelmente, sua atitude seria de ficar esperando o trovão que se seguiria a uma curta distância. Esta é a *atenção reflexa ou exógena*. Neste caso, mecanismos *bottom-up* estão ativos, ou seja, guiados por um estímulo sensorial.

Podemos observar os efeitos da atenção por meio de mudanças do comportamento e da atividade neuronal. Sabemos, por exemplo, que a atenção seletiva, que nos permite focar em um único elemento entre muitos, pode influenciar a excitabilidade neuronal do córtex visual, tornando mais salientes as características perceptivas do objeto, como a cor ou a forma. Isto ocorre por meio de uma rede complexa que inclui o córtex pa-

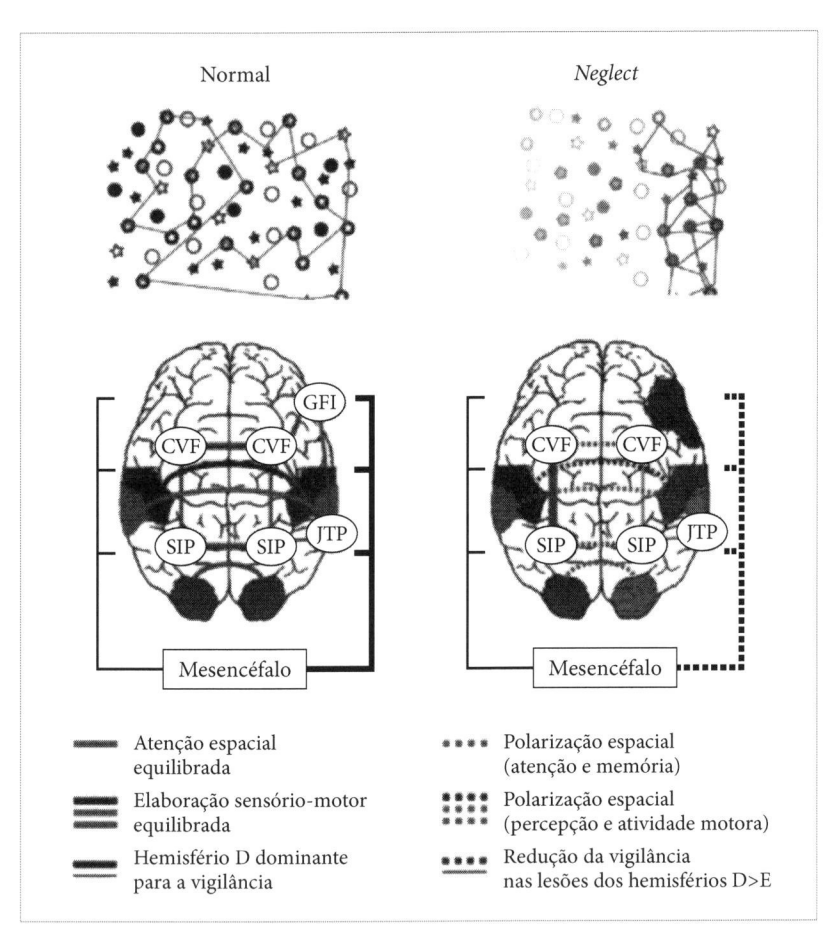

Fig. 2.3. As áreas dorsais — sulco intraparietal (SIP) e campos visuais frontais (CVF) — são bilaterais e estão envolvidas na atenção espacial e nos movimentos dos olhos e braços. As áreas ventrais — giro frontal inferior (GFI) e junção temporoparietal (JTP) — são lateralizadas no hemisfério direito e estão envolvidas no estado de alerta e nas respostas de reorientação atencional. A lateralização direita deste sistema depende de uma entrada assimétrica do mesencéfalo para o córtex cerebral. Uma lesão da JTP direita causa uma disfunção no sistema atencional dorsal que estende sua influência para as regiões sensório-motoras, desequilibrando a atividade dos dois hemisférios, com uma prevalência da atividade do hemisfério esquerdo e, portanto, da orientação para o espaço direito.

Fonte: Figura reformulada por CORBETTA, Maurizio, Hemispatial neglect: Clinic, pathogenesis, and treatment, *Seminars in Neurology*, v. 34, n. 5 (2014), 514-523.

rietal posterior, o córtex temporal póstero-superior, o córtex frontal dorsolateral e superior, o córtex frontal medial (por exemplo, o cíngulo anterior) e o pulvinar do tálamo. De maneira geral, a atenção afeta não apenas os processos sensoriais, mas também os pensamentos e as ações.

Os estudos realizados com métodos neurofisiológicos e de *neuroimaging* funcional em pessoas saudáveis e em pacientes com lesões cerebrais focais, nos fornecem um modelo que distingue dois sistemas de regulação da atenção: uma *rede dorsal* dedicada principalmente à *atenção voluntária*, baseada na localização espacial, nas características e propriedades dos objetos, e uma *rede ventral* para a *atenção exógena*, não espacial, que se orienta com base na novidade e relevância dos estímulos. Via de regra, os dois sistemas interagem e cooperam entre si. Ambos são prejudicados em pacientes com negligência espacial unilateral.

A *rede dorsal* é *bilateral*. Controla a orientação da atenção e os movimentos sacádicos dos olhos para as regiões do espaço contralateral. Para separar as regiões envolvidas na mudança de atenção daquelas envolvidas na programação dos movimentos oculares, foi utilizado um protocolo de ressonância magnética funcional. O teste exigia fixar o olhar em um ponto central de uma tela e pressionar um botão quando um estímulo aparecia à direita ou à esquerda do ponto de fixação. Em alguns dos testes, antes do estímulo, aparecia um sinal (uma seta colorida), convidando a desviar a atenção (mas não o olhar) para a direita ou para a esquerda. As áreas envolvidas na mudança de atenção foram aquelas que apresentaram as variações de atividade depois do aparecimento da seta, mas antes da apresentação do estímulo. Junto a estas, também foram ativadas as regiões do córtex visual, responsáveis pela análise do estímulo visual, como se estivessem se preparando para a atividade que deveriam realizar (HOPFINGER; BUONOCORE; MANGUN, 2000).

Quando menino, eu costumava jogar basquetebol. Um bom exemplo de mudança da atenção voluntária com ausência de deslocamento do olhar são os dribles para enganar o jogador da equipe adversária. Lembro-me de olhá-lo nos olhos, continuando a quicar a bola. Fingia querer driblá-lo, mas desviava minha atenção para a direita ou para a esquerda à procura do companheiro de equipe para lhe passar a bola. Imagino que o mesmo aconteça no futebol e no rúgbi. Ocorre, portanto, não apenas em situações experimentais, mover a atenção independentemente do olhar. No entanto, grande parte da rede envolvida na orientação espacial da atenção é a mesma quando, como na maioria dos casos, os olhos se movem, juntamente com a atenção, em direção a um objeto que possui uma "relevância" particular em relação ao objetivo a ser perseguido, ou que se impõe por suas peculiaridades sensoriais.

A *rede ventral*, por outro lado, é fortemente *lateralizada para a direita*. Para estudá-la, Corbetta e colegas (2000) analisaram as ativações cerebrais quando o sujeito respondia a estímulos que apareciam em locais esperados ou inesperados e demonstraram que, enquanto no primeiro caso o sulco intraparietal contralateral é ativado, no caso de estímulos inesperados a junção temporoparietal direita é ativada, independentemente do lado (direito ou esquerdo) do estímulo.

Portanto, as estruturas que sustentam a orientação espacial da atenção estão localizadas na rede dorsal frontoparietal e são representadas de forma equilibrada nos dois hemisférios, enquanto as ventrais, das quais faz parte o córtex frontal inferior, além da junção temporoparietal, são lateralizadas à direita, mas não processam sinais relacionados às informações espaciais.

As lesões que afetam a rede ventral no hemisfério direito são acompanhadas por uma desaceleração dos tempos de reação aos estímulos auditivos, uma redução do reflexo psicogalvânico (que mede a sudorese resultante de uma emoção repentina) e, geralmente, estão associadas a um comprometimento da vigilância e do estado de alerta. Pode-se, portanto, pensar que no *neglect*, o comprometimento dessas funções não espaciais, por meio de interconexões entre estruturas ventrais e dorsais, reduza a ativação da rede dorsal da atenção espacial direita, determinando um desequilíbrio inter-hemisférico da atividade entre os dois lados, que favorece o hemisfério esquerdo, causando uma prevalência da atenção e dos movimentos oculares para o lado oposto (CORBETTA et al., 2000).

7. O que pode ser feito para melhorar a atenção

Muitas técnicas têm sido propostas para facilitar a recuperação da negligência espacial. Trata-se, em grande parte, de métodos empíricos que, muitas vezes, têm efeito parcial e transitório. Entre os mais utilizados estão o *tratamento exploratório visual* e o com *lentes prismáticas*. O primeiro consiste em uma série de exercícios destinados a orientar voluntariamente a exploração visuoespacial para o lado negligenciado até que o mecanismo seja automático. É uma técnica que exige tempo e perseverança nos exercícios.

O esquema de tratamento proposto com a adoção de lentes prismáticas é mais simples. Trata-se de lentes que desviam o campo visual em 10 graus para a direita. O usuário, se quer fazer um movimento para pegar uma caneta, inicialmente se desviará para a direita, depois aos poucos, repetindo o exercício, corrigirá o erro de apontamento. Retiradas as lentes, observa-se um efeito posterior de adaptação automática, associado a uma mudança de atenção visual para a esquerda. O exercício deve ser repetido em sessões com duração de 20 minutos, duas vezes ao dia, durante duas semanas. A melhora da negligência espacial dura, pelo menos, cinco semanas (FRASSINETTI et al., 2002). Os mecanismos subjacentes à eficácia deste método não são totalmente claros. Supõe-se que o efeito posterior seja baseado em uma mudança tônica da posição do olhar para a esquerda, que contrasta o equilíbrio tônico para a direção oposta, determinado pela negligência espacial. Ao contrário do que acontece em pessoas saudáveis, a eficácia destes exercícios é generalizada para muitas tarefas diferentes, como para indicar que a lesão cerebral causa uma perda de seletividade que se espalha por todos os circuitos envolvidos no fenômeno de adaptação.

Somente há poucos anos, integrando os estudos neurofisiológicos e de *neuroimaging* funcional realizados em indivíduos saudáveis com observações clínicas de pacientes, tivemos uma melhor compreensão dos mecanismos subjacentes à negligência espacial. Conseguimos assim, desenvolver novos protocolos de reabilitação e foi possível utilizar técnicas neurofisiológicas, de forma direcionada, para estimular ou inibir a atividade cerebral.

No campo da reabilitação, exercícios baseados em videogames, que estimulam a atenção não-espacial, têm sido utilizados para melhorar a atenção espacial em pacientes com *neglect*. Os resultados preliminares são promissores, mas são esperadas confirmações de um estudo multicêntrico (DEGUTIS, 2010; VAN VLEET et al., 2014). No campo neurofisiológico, para corrigir o desequilíbrio inter-hemisférico, têm sido propostas a estimulação magnética transcraniana (EMT – TMS, *Transcranial Magnetic Stimulation*) e a estimulação transcraniana por corrente contínua (ETCC – tDCS, *Transcranial Direct Current Stimulation*), visando inibir a atividade do hemisfério esquerdo ou estimular a do direito. Também neste caso, os efeitos foram positivos, mesmo que de curta duração. Potencialmente mais interessante é o uso da estimulação Theta Burst (TBS, *Theta Burst Stimulation*)[4], uma técnica de estimulação magnética transcraniana capaz de induzir uma melhora mais duradoura, reduzindo os riscos e efeitos colaterais associados a outras técnicas (CAZZOLI et al., 2012). Também neste caso será necessário obter a confirmação dos dados preliminares, por meio de estudos multicêntricos capazes de coletar um histórico mais amplo de casos.

Estudar a negligência espacial e as formas de tratá-la ajuda a entender melhor como os diferentes tipos de atenção interagem entre si. Um problema que também afeta pessoas saudáveis na vida cotidiana. Imagine que você esteja em seu quarto: precisa preparar um relatório para o dia seguinte. Na mesa, o celular continua sinalizando a chegada de mensagens, *e-mails* e *tweets*. Você decidiu não atender nenhuma chamada, silenciou o toque, mas não pôde deixar de notar o que está acontecendo na tela do celular. Depois de um tempo, o vizinho começa a fazer barulho no quarto ao lado. Eis aqui, uma situação em que a orientação automática da atenção para um estímulo inesperado (visual ou auditivo) entra em conflito com a atenção sustentada (a necessidade de manter o foco na tarefa que você estabeleceu para si mesmo). Há algo que possa ser feito para superar esse conflito? A resposta mais simples (e a mais eficaz, por enquanto) é desligar o celular, procurar um quarto mais silencioso ou tapar os ouvidos. Mas não se pode excluir, no futuro, a possibilidade de intervenção na relação entre as redes neuronais que sustentam a atenção e a orientação

---

4. As ondas *Theta* são oscilações da atividade do eletroencefalograma com frequência entre 4 e 7 Hz. Nos protocolos de TBS, são administradas rajadas (*burst*) de três pulsos na frequência de 50 Hz, com intervalos de 200 ms (5 Hz), ou seja, na faixa de frequência *Theta*. Isto determina, dependendo do protocolo utilizado, uma redução ou estimulação rápida e duradoura da excitabilidade cerebral.

para novos estímulos. Na verdade, algumas dessas experiências já foram feitas. Joshua Cosman, Priyanka Atreya e Geoffrey Woodman (2015) mostraram que, ao aplicar uma corrente direta ao córtex pré-frontal para estimular a atividade neuronal, é possível aumentar a atenção sustentada inibindo aquilo que a direcionaria para estímulos de distração. Por enquanto, isto é resultado de experimentos realizados em laboratório, mas não se pode excluir que, em pouco tempo, alguém venha a desenvolver algum tipo de capacete, com baterias embutidas, capaz de desempenhar a mesma função. Eu continuarei a preferir tampões de ouvido e negociar educadamente com o vizinho barulhento.

3. O movimento certo na hora certa

1. O meu primeiro paciente com Parkinson

Eu estava matriculado no quinto ano de medicina, tinha me candidatado a uma monografia em neurologia e comecei a frequentar o departamento. Antônio tinha doença de Parkinson e eu precisei coletar informações sobre a sua história. Comecei seguindo o padrão que me ensinaram e logo desvendei o enigma. Antônio tinha 65 anos. Há seis anos queixava-se de tremores e lentidão nos movimentos do braço e da perna direita e há cinco havia começado a terapia com levodopa. Por um tempo as coisas correram bem, muito bem: o tremor tinha quase desaparecido, e ele conseguia se mover com maior agilidade. Contudo, ninguém percebeu que Antônio estava doente. Depois de dois ou três anos, ele notou que o efeito da droga passava mais rápido. "Meu Parkinson precisava de combustível e eu lhe dava". Ele havia retornado ao neurologista, que lhe havia estabelecido um novo esquema de terapia e lhe tinha recomendado que fosse rigorosamente seguido. Antônio seguiu a recomendação por um tempo, mas de vez em quando o problema voltava e então ele tomava mais algumas doses de levodopa: ele tinha recomeçado a dar ao seu Parkinson o combustível que ele pedia.

"Olha o que acontece comigo agora". Ele estava falando devagar, respondendo minhas perguntas com uma voz fraca, seus olhos estavam fixos, seu rosto inexpressivo. Ele estava sentado na cama, rígido e imóvel, exceto por um tremor na mão direita. "Tomei o remédio há 15, 20 minutos... agora sinto que está fazendo efeito... teve efeito em mim". Antônio de repente começou a se mover de forma descoordenada e não natural. Seu rosto tinha expressões estranhas. Ele balançava e flexionava seu tronco continuamente. Colocou a mão atrás do pescoço como se estivesse fazendo ginástica. "Veja, agora eu não sou capaz de ficar parado. Antes eu não conseguia me mexer. Não consigo encontrar o meio termo".

O que eu tinha visto, pela primeira vez, era o fenômeno *on-off*, uma complicação da terapia com levodopa que aparece depois de alguns anos, muitas vezes quando a droga é tomada de forma desordenada. Na verdade, tinha tido a impressão de que algo tivesse feito um "click" no cérebro de Antônio, como se um interruptor responsável por manter um circuito fechado tivesse se aberto de repente. O que estava acontecendo com Antônio? Como eu poderia tê-lo ajudado?

A doença de Parkinson é uma doença estranha. A maioria dos que não estão familiarizados com ela associa a enfermidade ao tremor, mas não é esse o distúrbio mais grave para os afetados. O primeiro a descrevê-la completamente foi James Parkinson que, em 1817, publicou um livro de apenas 66 páginas descrevendo a perturbação que havia encontrado em seis pessoas como "paralisia agitada"[1]. Na verdade, ele visitara realmente apenas três pessoas. Em relação aos outros, conhecera dois na rua e um só avistara de longe. Esta é a sua definição da doença: "Tremor involuntário, associado à diminuição da força, das partes que não estão em movimento, presente mesmo quando o membro está apoiado; com uma tendência a inclinar o tronco para a frente e passar da caminhada para a corrida. A sensibilidade e o intelecto não são afetados". Também James Parkinson havia colocado o tremor em primeiro plano, mas ele não tinha notado o aumento do tônus muscular típico da doença e interpretou como "diminuição de força" o distúrbio-chave da doença: a dificuldade em se mover espontaneamente, o que é tecnicamente chamado de "acinesia".

---

1. PARKINSON, James, *An essay on the Shaking Palsy*, London, Whittingham and Rowland, for Sherwood, Nelly, and Jones, 1817. Reimpresso por MORRIS, Arthur D., *James Parkinson, his life and times*, Boston, Birkhäuser, 1989, 152-165.

O nome Doença de Parkinson foi cunhado por Jean-Martin Charcot, um eclético neurologista primário da Salpêtrière, o principal hospital de Paris. Charcot (1868) retomou a descrição de Parkinson, mas notou que a diminuição da força muscular é apenas aparente e atribuiu a impotência motora à rigidez muscular. Posteriormente, os termos *acinesia, hipocinesia* e *bradicinesia* começaram a ser usados para descrever a falta, a pobreza e a lentidão dos movimentos: os distúrbios de Antônio quando estava na fase *off*. O termo *hipercinesia* foi atribuído aos estranhos movimentos involuntários que ele apresentou na fase *on*.

As oscilações de Antônio, entre uma fase e outra, podem ser explicadas imaginando que, em algum lugar do cérebro, existem as representações dos movimentos (uma espécie de biblioteca dos circuitos nervosos que os tornam possíveis) e que a doença consiste em uma alteração do mecanismo que escolhe aqueles que queremos usar. Mas, neste caso, o que significa "queremos"? Todos nós realizamos muitos movimentos automaticamente: quando andamos, movemos os braços para frente e para trás, quando falamos, gesticulamos e sublinhamos com expressões faciais o que estamos dizendo. Periodicamente, fechamos as pálpebras para fazer circular as lágrimas e manter os olhos úmidos. Não percebemos a maioria desses movimentos, mas quem nos observa não tem dificuldade em notar que há algo de estranho na expressão do rosto de quem mexe pouco os olhos ou na redução da gesticulação e dos movimentos espontâneos do corpo.

Nas fases de hipercinesia aparecem movimentos involuntários desproporcionais e inúteis em relação ao que consideramos normal. Como aqueles de um dançarino desajeitado que não segue nenhum ritmo em particular. Não é por acaso que alguns desses movimentos, os rápidos e súbitos, são chamados de "coreicos" e a doença em que aparecem é chamada de "coreia", do grego χορεία (dança)[2]. Aqueles mais lentos, nos quais uma parte do corpo mantém uma posição não natural por muito tempo, são definidos como distônicos.

Antônio apresentava fases tanto de hipocinesia quanto de hipercinesia em relação a um efeito paradoxal da droga que estava tomando, a

---

2. A etimologia é a mesma das palavras coreografia, coreógrafo, mas também de coro (χορεία era uma dança coral).

levodopa. Se, quando estava na fase *off*, eu lhe pedisse para sorrir, fechar as pálpebras ou me mostrar o movimento dos braços quando andamos, ele o teria feito. Se, quando ele estava na fase *on*, eu lhe pedisse para interromper os movimentos involuntários por um momento, ele teria podido impedi-los, mas se, enquanto isso, eu tivesse lhe pedido para responder a algumas perguntas, os movimentos coreicos e distônicos teriam recomeçado. O mecanismo que escolhia quais representações motoras utilizar respondia mais à levodopa do que à sua "vontade".

O mesmo vale para o tremor na doença de Parkinson. Um tremor estranho, que ocorre em condições de repouso: aparece quando o braço está apoiado na cadeira e desaparece no movimento de levar o copo à boca. Estranho também porque, aqueles afetados por ela, se se concentrarem, podem pará-lo por um tempo. Mas apenas por um tempo. Se ele tiver que fazer outra coisa, por exemplo, falar, ouvir com atenção ou até mesmo andar, o tremor reaparece.

2. A doença de Huntington

Na doença de Parkinson, os movimentos coreicos aparecem devido a um efeito paradoxal da levodopa, na coreia de Huntington é a perturbação motora que caracteriza a doença. A doença deve seu nome a George Huntington, um jovem médico, filho e neto de médicos, que aos 22 anos, logo após a formatura, publicou um trabalho científico (HUNTINGTON, 1872) no qual descrevia a *coreia hereditária*, doença que afligia algumas famílias que tinham sido cuidadas pelo avô e pelo pai. Huntington observou justamente o caráter hereditário da doença, a associação com transtornos psiquiátricos e tendências suicidas, e o início dos sintomas na idade adulta. Mais tarde, ele contou, no congresso da *New York Neurological Society* (HUNTINGTON, 1910), sobre seu encontro com a doença:

> Mais de 50 anos atrás, enquanto eu acompanhava meu pai em sua prática médica, vi meus primeiros casos de "aquela doença", como os habitantes locais chamavam essa temida doença. Lembro-me muito bem como se tivesse acontecido comigo ontem. [...] Estávamos passando por uma estrada arborizada que ia de East Hampton a Amagansett, quando de repente en-

contramos duas mulheres, mãe e filha, ambas altas, muito magras, com uma aparência quase cadavérica. Elas se curvavam, se contorciam e faziam caretas. Olhei para elas com admiração, quase com medo. O que tudo isso podia significar. Meu pai parou para conversar com elas e depois fomos embora. Então minha formação médica começou. Desde então, meu interesse por essa doença nunca cessou.

A doença havia chegado aos Estados Unidos na década de 1630, da Inglaterra, quando o rei Carlos I Stuart iniciou uma política de perseguição contra incrédulos e inconformistas[3]. Acreditava-se que o comportamento estranho era sinal de um acordo com o diabo. A caça às bruxas tornou-se um dever sagrado da população. As mulheres adultas que haviam mudado sua aparência ou atividade eram as que se encontravam em maior risco. A emigração para os Estados Unidos ocorreu com onze navios que, partindo de Yarmouth, cidade na costa sudeste da Inglaterra, chegaram a Salem, alguns quilômetros ao norte de Boston, hoje conhecida como Danvers.

Também aqui, infelizmente, os doentes de coreia de Huntington sofreram as mesmas perseguições que enfrentaram na Inglaterra. Seus estranhos movimentos sinuosos e contorções foram interpretados como uma maldição hereditária. Acreditava-se que eram devidos a seus ancestrais, que teriam parodiado os sofrimentos de Cristo durante a crucificação. Ellin, uma mulher de uma família afetada pela doença, foi executada em 1653. Outra, conhecida como "a bruxa de Groton", cuja árvore genealógica mais tarde revelou a presença da doença, foi condenada em 1671, mas em seguida foi perdoada. Mas o auge da caça às bruxas se deu em 1691-1692, quando a filha e a neta do pastor Samuel Parris, Betty e Abigail, começaram a se comportar de forma estranha. Um contemporâneo, Robert Calef, descreveu o comportamento delas da seguinte forma: "entravam em buracos e rastejavam sob cadeiras e bancos... [com] várias posições e gestos engraçados, [e] faziam discursos ridículos e absurdos, incompreensíveis tanto para elas como para os outros". As meninas se reuniam periodicamente para prever seu futuro, usando uma clara de ovo suspensa em um copo de água. Nesta água, uma das meninas que se uniu ao grupo, afirmou ter visto um

---

3. FINGER, Stanley, *Origins of Neuroscience: A History of Explorations into Brain Function*, New York, Oxford University Press, 1994, 228-230.

espectro em forma de caixão. Os médicos não conseguiram explicar esses comportamentos estranhos. Começou-se a pensar que se tratava de um feitiço e, em 1692, um verdadeiro tribunal foi estabelecido para lidar com o caso. Foram presas e executadas 20 pessoas, incluindo mulheres, homens e crianças. Giles Corey, um agricultor de 80 anos, acusado de bruxaria com sua esposa Martha, se recusou a se submeter ao julgamento do tribunal e, para fazê-lo confessar, foi esmagado sob pedras pesadas. Ele morreu três dias após a tortura. Outras quatro pessoas morreram na prisão.

O julgamento das bruxas terminou em novembro de 1693. Os casos pendentes foram examinados: 49 pessoas ainda detidas foram declaradas inocentes. Outras três foram condenadas, mas a sentença foi suspensa a mando do governador. Este foi o último julgamento de bruxas nos Estados Unidos. Eventualmente, descobriu-se que pelo menos sete das "bruxas" eram de famílias que tinham a doença de Huntington.

3. Como a hipocinesia e a hipercinesia são explicadas

O mecanismo que, no cérebro, escolhe quais movimentos ativar e quais inibir é uma rede de centros nervosos que, juntos, são chamados de "núcleos (ou gânglios) basais" porque estão localizados profundamente na base do cérebro. São eles o estriado (que inclui o caudado e o putâmen), o globo pálido, a substância negra (com uma parte compacta e uma parte reticulada) e o núcleo subtalâmico. São estruturas que recebem e devolvem informações ao córtex cerebral após terem realizado um processamento complexo por meio de conexões excitatórias e inibitórias recíprocas. A figura 3.1 mostra o estado das conexões no sujeito normal e como elas variam na doença de Parkinson e na doença de Huntington.

Na doença de Parkinson o dano inicial está na "parte compacta da substância negra", um núcleo de neurônios chamados dopaminérgicos, porque usam a dopamina como neurotransmissor. Os neurônios dopaminérgicos têm ações opostas nos neurônios estriados em relação aos receptores com os quais interagem. Podemos, portanto, pensar na dopamina como uma chave que, dependendo da fechadura em que está inserida, abre ou fecha uma porta, aumentando ou diminuindo as comunicações subsequentes, que seguem dois caminhos: um direto e outro indireto.

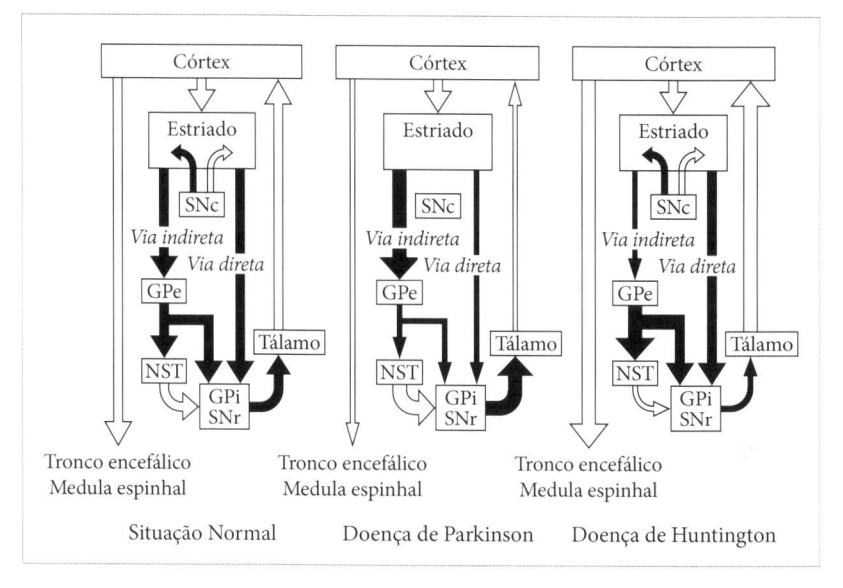

Fig. 3.1. Diagrama das conexões, diretas e indiretas, dos núcleos da base. As vias excitatórias são representadas por setas vazias e as inibitórias por setas pretas. Na doença de Parkinson, prevalece a inibição da via indireta, o que causa uma redução na modulação excitatória do tálamo no córtex pré-motor. Na doença de Huntington se reduz a inibição da via indireta: o efeito é oposto. SNc = Substância negra pars compacta; GPe = Globo pálido parte externa; NST = Núcleo subtalâmico; GPi = Globo pálido parte interna; SNr = Substância negra pars reticulada.

No Parkinson, a redução da atividade inibitória prevalece ao longo da via direta. Isso acaba resultando em uma menor excitação do tálamo no córtex: segue uma redução na ativação do córtex e no movimento. Na doença de Huntington, o dano é predominantemente no corpo estriado. A atividade inibitória na via indireta é reduzida. O resultado é um aumento da atividade cortical e do movimento.

4. O papel dos remédios e da neurocirurgia

A descoberta do papel da dopamina no Parkinson e a possibilidade de aumentar a síntese cerebral pela administração de levodopa, seu precursor natural, foi uma revolução histórica para a neurologia. Pela primeira vez, uma terapia eficaz estava disponível para uma das doenças neurodegenerativas mais difundidas e incapacitantes. A primeira experimentação no homem ocorreu em 1961. Walther Birkmayer e Oleh Hornykiewicz administraram o levodopa intravenosa e observaram que:

> pacientes confinados ao leito, incapazes de sentar, pacientes que, sentados, não conseguiam se levantar, e pacientes que, em pé, não conseguiam andar, conseguiram realizar todas essas atividades com facilidade após a administração de levodopa. Eles caminhavam com as oscilações normais do pêndulo dos membros superiores e conseguiam até correr e pular. A voz monótona, obscurecida pela palilalia e distúrbios articulatórios, tornou-se enérgica e compreensível, como em qualquer outra pessoa normal (BIRKMAYER; HORNYKIEWICZ, 1961).

Logo depois, começaram os testes de levodopa oral. A excitação produzida pelos resultados da terapia em pacientes com Parkinson e em particular naqueles que desenvolveram sintomas após a epidemia de encefalite por influenza[4], que se espalhou pelo mundo entre 1915 e 1926, é magistralmente descrita por Oliver Sacks no livro *Tempo de despertar*[5] e narrada no filme com o mesmo título[6]. Nada tão eficaz é observado na terapia da doença de Huntington, embora logo tenha ficado claro que, para controlar os movimentos coreicos, era necessário administrar drogas antidopaminérgicas, como haloperidol ou tetrabenazina. São medicamentos que aliviam os movimentos involuntários, mas podem induzir bradicinesia, rigidez, depressão ou sedação excessiva.

Para a doença de Parkinson, os efeitos indesejados da administração de levodopa não aparecem imediatamente. Após alguns anos, a duração do efeito terapêutico diminui. Anteriormente, alguns comprimidos eram

---

4. Também conhecida como encefalite letárgica ou encefalite de von Economo, pelo nome do neurologista romeno que a descreveu.
5. SACKS, Oliver, *Risvegli*, Milano, Adelphi, 1987. Trad. bras.: *Tempo de despertar*, 1. ed., Rio de Janeiro, Companhia das Letras, 1997.
6. No Brasil, o filme *Awakenings* (EUA, 1990) recebeu o mesmo título do livro em sua tradução brasileira. O drama biográfico de 2h01min tem direção de Penny Marshall e roteiro de Steven Zaillian e Oliver Sacks. No elenco: Robert De Niro, Robin Williams e Penelope Ann Miller. (N. da T.)

suficientes, agora a mesma dose deve ser dividida, porque, após 3 a 4 horas da administração do medicamento, os sintomas reaparecem. As ingestões da droga estão se aproximando e os distúrbios flutuam até o "fenômeno *on-off*", durante o qual o controle dos movimentos pode variar de forma extremamente rápida, como aconteceu com Antônio. Por muito tempo, o manejo desse distúrbio foi confiado à combinação da levodopa com medicamentos que prolongam sua presença no sistema nervoso central ou com medicamentos ativos nos receptores dopaminérgicos que podem reduzir a necessidade de aumento das doses de levodopa. Quando vi Antônio (era o ano de 1972) não havia outra solução senão buscar com ele o equilíbrio farmacológico mais eficaz. As coisas são diferentes agora.

Hoje eu aconselharia Antônio a considerar a possibilidade de se submeter à *estimulação cerebral profunda*, uma técnica cirúrgica que revolucionou o tratamento da doença de Parkinson. Trata-se da introdução de dois eletrodos muito finos no cérebro, dentro do núcleo subtalâmico de Luys em ambos os lados, para inibi-los e reequilibrar a balança entre as vias excitatórias e inibitórias, trazendo-os o máximo possível de volta à situação de uma pessoa saudável.

As dimensões do núcleo subtalâmico de Luys são como aquelas de um grão de arroz. As primeiras intervenções em humanos foram realizadas em Grenoble por Alim-Louis Benabid (LIMOUSIN et al., 1995). Para chegar ao núcleo subtalâmico, o neurocirurgião utiliza atlas cerebrais detalhados[7] e a orientação do neurofisiologista que, com o paciente acordado, por meio de exame clínico e registro de sinais elétricos produzidos pelo cérebro, identifica as áreas atravessadas por alguns microeletrodos muito finos. Alcançado o núcleo subtalâmico, o eletrodo que o inibe mais eficazmente é substituído por um macroeletrodo definitivo equipado com vários contatos, que permitem orientar o campo elétrico da maneira mais eficaz. O macroeletrodo é então conectado a um neuroestimulador alojado sob a clavícula, que pode ser ajustado e controlado de fora. Os resultados são surpreendentes: a doença não desaparece, mas o estágio em que chegou regride ao típico dos estágios iniciais.

---

7. São chamados de atlas *estereotáxico*, pois utilizam um sistema de coordenadas tridimensionais, que permitem definir com precisão a localização das estruturas anatômicas.

5. O que o cerebelo faz

Neste momento estou sentado à escrivaninha, em frente ao computador. Fiz uma xícara de café e a coloquei sobre a mesa, à minha direita, um pouco além do ponto onde se encontra o *mouse*. Agora, para alcançá-lo, terei que estender o antebraço. A operação acontecerá em três etapas: inicialmente terei que contrair o tríceps (músculo agonista) e soltar o bíceps (músculo antagonista) para iniciar o movimento, depois, para pará-lo, terei que reverter o engajamento muscular contraindo o bíceps e soltando o tríceps. Finalmente, para manter o braço na posição desejada, tanto o bíceps quanto o tríceps devem ser contraídos juntos.

Para que o movimento seja bem-sucedido e meu braço não bata na xícara desajeitadamente, arriscando derramar o café na mesa, com posterior encharcamento das minhas notas ou, pior ainda, do teclado do computador, meu sistema nervoso central deverá ter calculado corretamente a amplitude da extensão do braço e a alternância agonista/antagonista nas três fases que descrevi devem ser realizadas com uma precisão de milésimo de segundo. A regulação do tempo dessa alternância é responsabilidade do cerebelo e é a principal função, embora não a única, desempenhada por essa parte do cérebro.

Não é difícil imaginar o que aconteceria se meu cerebelo não funcionasse perfeitamente: o movimento do meu braço seria impreciso, seja por defeito ou por excesso, e para alcançar a xícara eu teria que fazer uma série de movimentos de correção para chegar ao objetivo. É claro que a perturbação na coordenação da atividade dos pares agonista/antagonista pode afetar qualquer segmento muscular, incluindo os músculos do tronco e membros inferiores, com consequências óbvias na capacidade de andar e manter a postura ereta. O distúrbio resultante é chamado de ataxia (do grego αταξια = desordem). Atáxica é, por exemplo, a caminhada de quem ficou de "pileque": o álcool é tóxico principalmente para algumas regiões do cerebelo (o verme e o lobo anterior), que regulam a coordenação do tronco e das pernas. A parte do cerebelo que regula a coordenação dos membros superiores é relativamente poupada do álcool e, de fato, quem bebeu demais, mesmo que se esforce para andar sem cair, não tem dificuldade em alcançar o copo e trazê-lo a boca sem derramar o seu conteúdo.

6. O planejamento do movimento

Enquanto isto, tomei café. Mas, como o cérebro calculou a amplitude do movimento a ser feito? Teoricamente existem duas possibilidades: planejar a trajetória do movimento a ser realizado e então identificar os músculos que devem realizá-lo e a força a ser aplicada em cada um deles para chegar ao copo, ou simplesmente, especificar o ponto de chegada. Emilio Bizzi e colegas (1984) abordaram esse problema treinando macacos que não podiam ter informações proprioceptivas para alcançar um ponto brilhante e depois para repetir o movimento no escuro em direção ao mesmo ponto. Os macacos foram capazes de fazer isso com grande precisão mesmo que não tivessem informações sobre o local do membro. Então, eles repetiram o experimento, aplicando brevemente uma força na direção oposta ao movimento. Se o sistema tivesse planejado a trajetória, o membro teria tido que parar antes de atingir a meta. Ao contrário, não é isto que acontece. O sistema nervoso havia planejado o movimento especificando o objetivo a ser alcançado e ajustando automaticamente a força necessária.

Uma série de estudos mostrou que o sistema motor se estrutura segundo uma organização hierárquica de módulos, a partir da medula espinhal. Aqui, os estímulos sensoriais ativam sinergias musculares e até mesmo sequências de ações muito complexas. Com estímulos apropriados, um recém-nascido, no qual as conexões nervosas dos centros espinhais com os centros motores do cérebro ainda não estão funcionalmente ativos, é capaz de construir uma sequência alternada de flexões e extensões dos membros, assemelhando-se ao movimento da caminhada. Chama-se "marcha automática do bebê": para provocá-la, é preciso apoiar o bebê na posição ereta, segurando-o pelas axilas, de modo que as palmas dos pés fiquem sobre uma superfície plana. Observar-se-á então uma espécie de caminhada que, claramente, não tem nada voluntário.

Módulos superordenados em nível hierárquico permitem a ativação automática de sequências motoras complexas e, portanto, permitem que pássaros voem e pousem exatamente no local desejado ou que rãs estirem suas línguas com rapidez e precisão para pegar moscas que estejam dentro do alcance. Nos humanos, podemos considerar o córtex cerebral como o instrumento de controle mais alto na escala hierárquica, aquela que identifica os objetivos e regula as ações dos centros hierarquicamente subordinados, garantindo ao sistema a máxima flexibilidade.

7. A apraxia

O distúrbio do nível hierarquicamente mais alto de controle do movimento é a *apraxia* (do grego α privativo e πράσσω = fazer: incapacidade de fazer). É a incapacidade de realizar gestos coordenados visando um propósito, na ausência de déficit de força muscular ou da coordenação motora ou do comprometimento cognitivo, que pode explicá-la. John Hughlings Jackson (apud WILSON, 1908) foi o primeiro a notar o quadro clínico característico da apraxia em 1861:

> Em alguns casos de deficiência da fala, o paciente parece ter perdido muito de sua capacidade de fazer o que lhe é pedido, mesmo com os músculos que não estão paralisados. E assim, o paciente será incapaz de colocar a língua para fora quando solicitado, embora possa usá-la bem em ações semi-involuntárias, como por exemplo, comer e engolir. Ele não será capaz de fazer aquela careta particular que lhe é pedida, mesmo quando lhe for mostrada, pedindo-lhe que a imite. Há força em seus músculos e nos centros de coordenação dos grupos musculares, mas ele — o homem na sua inteireza ou a "vontade" — não pode colocá-los em ação... um paciente incapaz de falar, incapaz de projetar a língua quando solicitado, colocou os dedos na boca para tirá-la para fora, mas outras vezes, o mesmo paciente, quando estava cansado porque o havíamos pressionado com tantos pedidos, a utilizava para lamber os lábios.

Em 1870, o neuropsiquiatra alemão Carl Maria Finkelnburg observou que as comunicações gestuais dos afásicos são, muitas vezes, desajeitadas e incompreensíveis e deduziu que eles sofriam de um distúrbio mais geral, a assimbolia, que os impedia de usar símbolos e sinais linguísticos e não linguísticos[8]. O termo *apraxia* foi introduzido em 1871

---

8. FINKELNBURG, Carl Maria, Sitzung der Niederrheinischen Gesellschaft in Bonn, *Berliner Klinische Wochenschrift* (Medizinische Sektion), v. 7 (1879), 449-450, 460-462.

por Heymann Steinthal, um filólogo e filósofo alemão. Para ele, era "o distúrbio da relação entre os movimentos e os objetos a eles associados"[9]. Os erros eram uma forma de complicação da afasia.

Hugo Karl Liepmann entendeu que se tratava de um transtorno independente da afasia, analisou-o cuidadosamente e propôs um arcabouço teórico que enquadrasse as diferentes formas em que ele poderia se apresentar. Tudo começou com a descrição do caso do "conselheiro imperial" (LIEPMANN, 1900). O sr. T. tinha 48 anos, era um alto funcionário (*Regierungsrat*) das agências governamentais do *Reich*. A partir do verão de 1899, ele começou a sofrer de tonturas e dores de cabeça occipitais frequentes, o que o impediam de acompanhar as discussões e gerenciar seu trabalho. Enquanto conversava, ele frequentemente parava de falar, pronunciava mal as palavras e perdia o fio da conversa. Um dia, ele escreveu *Brunne Rstr*, em vez de *Brunnenstr* (uma rua em Berlin), e repetiu a escrita várias vezes, embora notasse o erro e o tivesse comentado rindo. Sua memória ia se desvanecendo e ele começou a apresentar episódios de desorientação. Na manhã de 2 de dezembro de 1899, depois de ir ao banheiro, voltou e sentou-se na cama. Ele parecia chocado. Sua esposa continuava lhe perguntando: "Você está bem? O que está acontecendo com você?". Ele respondeu: "Nada, nada" e depois, para todas as outras perguntas: "Sim, sim". Logo depois ele caiu no chão, sem perder a consciência. Foi ajudado a se levantar, mas não era capaz de manter-se em pé sozinho. Ficou na cama por vários dias. Tinha que ser alimentado. Ele parecia agitado, movendo seus braços e pernas. Não era parético, mas qualquer comunicação com ele era impossível: falava apenas algumas palavras e parecia incapaz de entender o que lhe diziam. Foi considerado demente.

Liepmann o visitou pela primeira vez em 17 de fevereiro, dois meses e meio após o AVC. Pediu-lhe que apontasse alguns objetos colocados à sua frente e fizesse diferentes movimentos com as mãos. O sr. T. não conseguia, manuseava os objetos de forma absurda. Sua linguagem espontânea

---

Citado por: GOLDENBERG, Georg, Apraxia and beyond: Life and work of Hugo Liepmann, *Cortex*, v. 39, n. 3 (2003), 509-524.

9. STEINTHAL, Hermann, *Abriss der Sprachwissenschaft*, Berlin, F. Dümmlers, 1871, citado por: PEARCE, J. M. S. Hugo Karl Liepmann and apraxia. *Clinical Medicine*, v. 8, n. 5 (2009), 466-470.

foi reduzida a algumas interjeições: "Oh, meu Deus!", "Sim", "Sim, realmente!", "De fato!". À primeira vista, parecia que ele não entendia. Então Liepmann percebeu que os movimentos bizarros que ele fazia durante o exame estavam confinados ao membro superior direito. Observou, além do mais, que não tinha dificuldade em compreender suas ordens e que podia executar com todo o corpo, como as de se levantar, caminhar até à janela ou em direção à porta. Portanto, não poderia ser uma questão de compreensão. Liepmann então, pensou em segurar a mão direita do sr. T. e assim forçá-lo a usar a mão esquerda. De repente, o quadro mudou. Com a mão esquerda, o sr. T. imediatamente selecionou a carta certa, das cinco que Liepmann lhe mostrara, ao contrário do que acontecia quando usava a mão direita. O mesmo acontecia com as pernas: imitava bem os movimentos com a esquerda, mas falhava com a direita. Suas dificuldades não se deviam a problemas de compreensão, mas ao que Liepmann chamou de "distúrbio no controle da comunicação motora", e que mais tarde ele definiu como apraxia do lado direito.

O sr. T. não conseguia abotoar a camisa, ainda que a paralisia da mão direita estivesse resolvida. Quando colocava a mão no botão fazia o movimento correto, mas depois não continuava procurando os outros botões. Quando era solicitado a apontar para o nariz, ele acenava com a mão esquerda e abria os dedos. Quando sua mão direita era bloqueada, ele executava o movimento correto sem hesitação.

Prejudicada também foi a imitação dos gestos realizados pelo examinador, tanto com a mão e a perna direita, quanto com a face (por exemplo, colocar a língua para fora). Na realidade alguns atos espontâneos foram executados corretamente, por exemplo, usava bem a colher para comer. Em vez disso, ele falhava quando era solicitado a imitar o uso de um objeto, por exemplo, uma gaita. Liepmann levantou a hipótese de que a apraxia do conselheiro imperial era o resultado de uma desconexão das áreas visual, auditiva e somatossensorial das áreas motoras. Dois anos depois o sr. T. morreu: a autópsia confirmou o diagnóstico de Liepmann[10]. Os dois terços anteriores do corpo caloso estavam com-

---

10. LIEPMANN, Hugo Karl, Der weitere Krankheitsverlauf bei dem einseitig Apraktischen und der Gehirnbefund auf Grund von Serienschnitten, *Monatsschrift für Psy-*

pletamente destruídos e um cisto subcortical nos lobos frontal e parietal esquerdos interrompeu a maioria das conexões restantes entre a região motora esquerda e as demais regiões corticais.

A leitura desta primeira obra de Liepmann me deu uma emoção única, a de descobrir a concatenação lógica das observações e raciocínios de um pioneiro da neuropsicologia empenhado em compreender o que havia acontecido com o paciente que lhe fora confiado. Liepmann chegou à medicina por um caminho tortuoso. No ensino médio, ele desenvolveu uma paixão pela Filosofia e Línguas antigas. Na universidade, ele estudou Filosofia e Ciências naturais, primeiro em Berlim e depois em Leipzig e Freiburg. Em 1885, ele havia defendido uma tese de doutorado sobre o mecanismo do átomo, por Leucipo e Demócrito. Mas a filosofia não o satisfez completamente. Ele precisava de um campo concreto, embora mais limitado. Ele estudou medicina e se formou em 1884. Em 1895 mudou-se para Breslau onde permaneceu até 1899, trabalhando como assistente de Wernicke. Em seguida, ele retornou a Berlim, onde se tornou primeiro assistente e depois médico-chefe do hospital psiquiátrico Dallfort e, a partir de 1915, diretor do hospital psiquiátrico Herzberge.

Durante sua longa carreira profissional, Liepmann continuou ocupando-se com a apraxia. Ele observou que os pacientes destros com lesões do hemisfério esquerdo, principalmente quando a lesão incluía o giro supramarginal, eram apráxicos também ao membro, não parético, esquerdo. Por outro lado, aqueles que tiveram lesão do hemisfério direito não eram apráxicos. A apraxia dependia, portanto, de uma lesão do hemisfério dominante, o esquerdo nos destros, que continha os traços mnéstico para a organização dos movimentos. Trabalhos posteriores o convenceram de que lesões do corpo caloso (o feixe de fibras que conecta os dois hemisférios cerebrais), interrompendo a transferência de informações sobre a organização do movimento do hemisfério esquerdo para a área motora do hemisfério direito, causavam uma apraxia da mão esquerda (ver a figura 3.2).

Liepmann distinguiu três tipos de apraxia dos membros superiores: apraxia ideomotora, apraxia motora e apraxia ideatória. A respeito do sig-

---

chiatrie und Neurologie, v. 17, (1905), 289-311; v. 19, (1906), 217-243. Citado por GOLDENBERG, 2003.

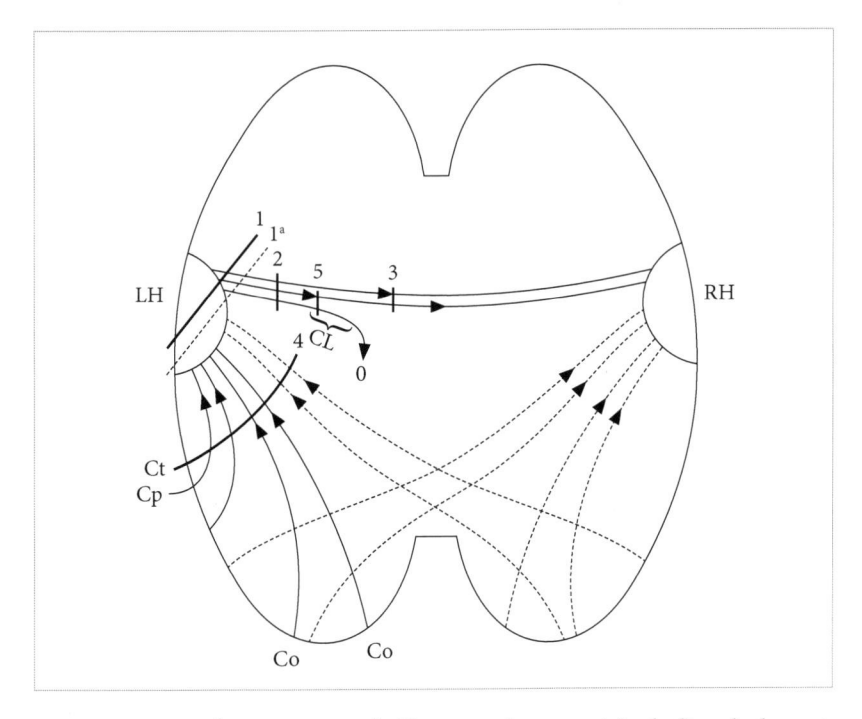

Fig. 3.2. Esquema de apraxia segundo Liepmann. A transposição da *fórmula do movimento* para a execução motora é devida a amplas conexões corticais para o *centro sensório-motor* esquerdo. As lesões que interrompem essas conexões (1 e 4) causam apraxia ideomotora bilateral que, no caso da lesão do centro sensório-motor (1) é mascarada pela paresia da mão direita. As lesões do corpo caloso (3) causam apraxia da mão esquerda.

Fonte: Figura retirada de RENZI, Ennio De; FAGLIONI, Pietro, *Apraxia*, in: DENES, Gianfranco; PIZZAMIGLIO, Luigi, *Handbook of Clinical and Experimental Neuropsychology*, Hove, Psychology Press, 1999.

nificado desses termos, houve uma discussão que não é necessário resumir aqui. Relato, agora então, o sentido com que esses termos são usados hoje, na prática clínica. *Apraxia ideomotora* é o distúrbio na execução de gestos, sejam eles transitivos (envolvendo a manipulação de um objeto) ou intransitivos (realizados sem o uso de objetos), simbólicos ou arbitrários. O paciente sabe o que fazer, mas não sabe como fazer. O movimento que ele realiza parece grosseiro, aproximado, errôneo nas relações espaciais e/ou temporais. Muitas vezes, quem tem esta forma de apraxia executa facilmente, de forma automática, o movimento que não pode executar corretamente em ordens verbais ou de imitação. Por exemplo, acontece que ele não consegue reproduzir o sinal da cruz, mas o faz corretamente ao entrar na igreja, ou que não consegue imitar o gesto de abrir uma porta com a chave, mas não têm dificuldade em fazê-lo quando necessário. As representações cinestésicas estão, portanto, intactas.

A alteração das representações cinestésicas causa a chamada *apraxia motora*, um distúrbio caracterizado por falta de jeito, lentidão e falta de coordenação dos movimentos, que também afeta os movimentos automáticos. É causada por uma lesão na região do córtex sensório-motor do lado oposto à mão afetada. Os afetados por ela são incapazes, como o conselheiro imperial, de abotoar suas camisas. Quando, por outro lado, o que falta é o planejamento motor, a montante da execução do gesto, falamos de *apraxia ideatória*. Neste caso, a pessoa terá dificuldade em realizar as sequências complexas de gestos no dia a dia: por exemplo, se for solicitado a embrulhar, endereçar e franquear uma carta, ela poderia colocar o carimbo dentro do envelope e fechá-lo sem ter inserido a carta.

A apraxia é um distúrbio relativamente comum. Cerca de 50% das pessoas com acidente vascular cerebral no hemisfério esquerdo e cerca de 20% das pessoas com lesões no hemisfério direito são afetadas. Muitas vezes é um distúrbio subestimado porque em sua forma mais comum (apraxia ideomotora) a capacidade de realizar gestos reduz automaticamente seu impacto na vida diária.

8. A imaginação motora

Lembro-me de um salto em altura de Sara Simeoni. Era 1980. O salto com o qual ela ganhou a medalha de ouro nas Olimpíadas de Moscou. Olhos fixos na barra, um leve balanço do corpo antes de sair. E depois, a subida curvilínea com passos perfeitamente calibrados, a posição de partida com o pé externo, a rotação e a superação dorsal do obstáculo com o arco das costas e os joelhos afastados, tomando cuidado para não bater na barra com os pés. Há muita técnica e muito treino para atingir a perfeição deste gesto atlético, mas aqueles poucos segundos de preparação para o salto também são cruciais. Nesse momento o atleta revê mentalmente todas as fases do salto, imaginando-as uma a uma. O que acontece no cérebro? O que acontece quando imaginamos um movimento? Há muitas evidências de que a imaginação motora aciona os mesmos mecanismos que são ativados quando o movimento é realizado. Por exemplo, se eu tiver que mover rapidamente meu dedo indicador de um círculo para outro, ambos desenhados em uma folha, a velocidade com que posso fazer a troca depende da área dos círculos. É a chamada lei de Fitts: quanto maior a área, mais rápido o movimento. Mesmo quando o movimento é apenas imaginado, essa lei mantém sua validade (SIRIGU et al., 1995). Igualmente quando se trata de avaliar a possibilidade de agarrar um objeto (FRAK; PAULIGNAN; JEANNEROD, 2001). Além disso, a frequência cardíaca de quem imagina caminhar ou correr aumenta em relação ao esforço que seria necessário para realizar essa atividade (DECETY et al., 1993). Imaginando caminhar nas montanhas, o coração aumenta suas batidas de acordo com a inclinação do caminho a seguir.

Ao estudar a imaginação do movimento, é possível esclarecer a origem de alguns distúrbios do movimento. Um exemplo é o fenômeno do *freezing of gait* (FOG), literalmente congelamento da marcha. Diz respeito a um grupo de pessoas com doença de Parkinson que parecem ter os pés literalmente colados ao chão quando precisam começar a andar, mudar de direção ou quando se deparam com uma passagem estreita (como entrar em um elevador). Usando ressonância magnética funcional foi possível demonstrar (SNIJDERS et al., 2011) que os portadores de FOG, quando imaginam caminhar, particularmente em um caminho estreito, têm menos ativação do córtex cerebral na área frontal medial e parietal posterior e uma ativação correspondentemente maior do centro locomotor do mesencéfalo. Na prática, o distúrbio surge quando o centro locomotor do mesencéfalo é incapaz de compensar adequadamente uma alteração no controle cortical da marcha.

Com a ressonância magnética funcional foi possível demonstrar que as áreas envolvidas na imaginação do movimento coincidem, em grande parte, com aquelas que são ativadas quando o movimento é realmente realizado. Incluem a área motora suplementar, o córtex pré-motor dorsal, o córtex parietal posterior, o cerebelo e, em certas condições, a área motora primária. Se, durante um exame de ressonância magnética funcional, eu fingisse jogar tênis permanecendo imóvel, as ativações que eu produziria seriam facilmente reconhecíveis pelo operador. Se, por outro lado, sempre permanecendo imóvel, imaginasse entrar em minha casa, passando de um cômodo para outro para visitá-la na companhia de um convidado, as ativações seriam completamente diferentes: o giro para-hipocampal, o córtex parietal posterior, o córtex pré-motor lateral.

A partir destas observações, Adrian Owen decidiu usar imagens motoras para examinar o estado de consciência em pacientes com síndrome de vigília arresponsiva. Este é o novo nome do chamado *estado vegetativo persistente*: um nome mais apropriado, também em relação aos resultados dos estudos de Owen. Mas, prossigamos com ordem. Uma dor cerebral severa pode resultar em um estado de coma, durante o qual a pessoa não pode ser despertada. Mas o coma não dura indefinidamente. Se o indivíduo não morrer ou não se recuperar completamente, após 6 a 8 semanas, ele pode entrar em um *estado de vigília arresponsiva* ou em um *estado de consciência mínima*. Na vigília arresponsiva a pessoa retoma a alternância normal do sono e da vigília, o seu organismo é capaz de manter o controle da temperatura corporal, mas não mostra nenhum sinal de consciência, não responde a nenhuma ordem ou solicitação verbal, não segue com os olhos os movimentos daqueles que se revezam para ajudá-la. Parece, de fato, em estado vegetativo.

Já se sabia que em alguns pacientes clinicamente em estado de vigília não responsiva, as regiões do cérebro que processam a linguagem são ativadas, mas isso também acontece em pessoas sob anestesia geral. Portanto, é difícil considerar a ativação destas regiões como a manifestação de um estado consciente. Owen pensou que, para demonstrar a consciência, era necessário obter a resposta a uma ordem, uma resposta que, por não poder ser motora, deveria consistir na ativação voluntária e persistente de áreas cerebrais: uma ativação suficientemente prolongada para ser registrada mediante ressonância magnética funcional.

O caso que chamou a atenção de Owen e seus colegas é o de Carol[11], uma mulher de 23 anos, casada, que foi atropelada por dois carros em

---

11. A história de Carol está registrada no livro de Adrian Owen, *Into the Gray Zone: A Neuroscientist Explores the Border Between Life and Death*, New York, Scribner, 2017.

julho de 2005, enquanto atravessava a rua em uma cidade próxima a Cambridge, na Inglaterra. Carol sofreu um trauma cerebral grave e foi internada no hospital mais próximo. A TC cerebral mostrou edema generalizado e extensas lesões dos lobos frontais. Houve necessidade de submetê-la a uma craniectomia descompressiva bilateral. Com este procedimento cirúrgico, uma parte dos ossos cranianos é removida para evitar que o edema esmague o cérebro contra a parede interna do crânio. O retalho ósseo retirado é preservado, pois em caso de redução do edema e melhora clínica pode ser posteriormente reimplantado. Infelizmente, não foi isso que aconteceu com Carol. Em setembro, a sua situação era séria, mas estável. Não respondia a nenhum pedido, não seguia com os olhos quem se aproximava dela, não tentava se mexer ou se comunicar de forma alguma. Foi transferida para um hospital perto de sua família, para tentar a reabilitação. Lá, ela foi repetidamente visitada por neurologistas experientes e diagnosticada em estado vegetativo. A ressonância magnética funcional de Carol foi realizada em maio de 2006, quase um ano após o acidente. Ela foi solicitada a alternar uma tarefa imaginativa a cada 30 segundos ("imagine jogar tênis" ou "imagine se movimentar entre os cômodos da sua casa") com um período de descanso ("relaxe"). Os resultados foram surpreendentes: as ativações registradas foram comparáveis às de um grupo de 12 voluntários saudáveis (OWEN et al., 2006). Carol era capaz de realizar a tarefa que lhe era exigida, de ativar voluntariamente a imaginação motora: ela estava consciente.

A interpretação dos resultados não parecia suscitar dúvidas. Mas nem todos estavam de acordo. Houve objeções: por que apesar de não ter — aparentemente — nenhum dano nas vias motoras, Carol nunca havia demonstrado sinais de atividade intencional? Não poderia ser que, de alguma forma, a instrução "imagine jogar tênis" tenha desencadeado uma resposta automática do córtex pré-motor que foi interpretada erroneamente como voluntária? Claro que é terrível pensar que uma pessoa que todos consideram em estado vegetativo está presa em um corpo que, por algum motivo, não pode dar sinais explícitos de uma vida mental. Em certo sentido, era mais "confortável" pensar que a interpretação de suas ativações de fMRI estava errada.

Em um comentário editorial na edição da revista *Science* que publicou o caso, o neurologista francês Lionel Naccache (2006) expressou sua perplexidade e definiu o critério que poderia provar inequivocamente a presença da consciência. Era necessária a demonstração direta da capacidade de comunicar a presença de estados mentais. Basicamente: quem está lendo estas linhas está consciente se puder relatar que leu a palavra "consciente" nessas linhas.

Adrian Owen, junto com o neurologista belga Steven Laureys e seus colaboradores, buscaram então uma forma ainda mais convincente de usar a imaginação motora como meio de comunicação com pacientes em estado não responsivo ou estado de consciência mínima, e demonstrar a possível presença de alguma forma de consciência. O método consistia em dizer aos pacientes: "Se quiser responder 'Sim' imagine jogar tênis, se quiser responder 'Não' imagine se movimentar entre os cômodos da sua casa". Eles experimentaram o método entre si e depois com um grupo de pessoas saudáveis, usando perguntas como: "O nome do seu pai é Alessandro?", "Seu cachorro se chama Bobby?". Um experimentador conhecia a resposta correta, mas não quem administrou as perguntas, nem quem analisou as imagens de fMRI. O método funcionou. Eles testaram um grupo de 54 pacientes com distúrbio de consciência, 23 em estado vegetativo, 31 com estado de mínima consciência (Monti et al., 2010). Destes, cinco foram capazes de realizar a tarefa. Todos eram pessoas que haviam sofrido um ferimento grave na cabeça. Três deles mostraram, posteriormente, algum sinal de atividade voluntária que escapou das avaliações realizadas antes da ressonância funcional. Nada nos outros dois.

Este estudo mostrou como é difícil, e carregado de consequências, atribuir o diagnóstico de "estado vegetativo", mas também abriu uma janela para buscar, por meio da imaginação motora, uma forma de comunicação com quem não responde, não porque não quer ou entende o que lhe dizemos, mas porque, por algum motivo, perdeu o controle voluntário de todos os movimentos.

9. Compreender as ações dos outros

Quando comecei a estudar o cérebro, aprendi que uma parte percebia e interpretava o mundo ao redor e outra parte preparava e regulava nossas ações no ambiente. Uma descoberta quase casual (o que os anglo-saxões chamam de *serendipity*), uma observação realizada no laboratório de neurofisiologia da Universidade de Parma, na virada dos anos oitenta e noventa do século passado, mudou radical e definitivamente esse modo de ver o cérebro.

    Na realidade, nada realmente acontece por acaso. Fleming era um pesquisador engajado no estudo de substâncias antibacterianas quando descobriu a penicilina, após constatar que, em um prato de cultura contaminado com um bolor, o crescimento de bactérias era inibido. No laboratório de neurofisiologia de Parma, dirigido por Giacomo Rizzolatti, haviam cientistas que dedicaram suas vidas ao estudo da fisiologia do sistema motor. Um experimento estava em andamento para registrar a atividade do córtex pré-motor de macacos. As células que controlavam os movimentos da mão e da boca estavam sendo estudadas. Naquele momento, estava sendo registrado um neurônio que se acionava sempre que a comida era aproximada da boca do macaco. Um pesquisador entrou no laboratório com uma casquinha de sorvete. Logo se percebeu que o mesmo neurônio do macaco entrou em ação quando o pesquisador aproximou o cone de sorvete à sua boca. O teste foi repetido com diferentes objetos e em diferentes contextos experimentais. Alguns estímulos (por exemplo, um amendoim) estavam ligados a um movimento de preensão com o membro e, ao mesmo tempo, eram ativados quando o experimentador realizava o mesmo movimento. *Neurônios espelho* foram descobertos. Uma série de experimentos mostrou, posteriormente, que os neurônios espelho não respondem à simples apresentação de alimentos ou de um objeto em particular, nem à observação imitada sem a presença do objeto. Em vez disso, eles são organizados em relação ao tipo de ação codificada: agarrar, manipular, rasgar, segurar.

    Misturados aos neurônios espelho, na mesma região pré-motora, existe outro grupo de *neurônios*, denominados *canônicos*, que codificam ações particulares (agarrar ou manipular objetos) e que também são ativados pela simples observação do objeto, na ausência de qualquer movimento ativo. As sequências coordenadas são ativadas em relação ao objetivo da ação, como se fossem um repertório, um armazém, de todas as ações possíveis. Graças aos neurônios canônicos, a observação dos objetos disponibiliza o padrão motor que permite interagir com eles. Graças aos neurônios espelho, as ações realizadas pelos outros são automaticamente transferidas para o sistema motor do observador, permitindo assim que ele tenha uma cópia motora do comportamento observado, como se ele próprio o estivesse realizando. No córtex pré-motor, os neurônios canônicos perfazem cerca de 80%. Os 20% são compostos de neurônios espelho.

As observações originais do grupo de Rizzolatti foram realizadas no macaco. Estudos posteriores com ressonância magnética funcional e com a estimulação magnética do córtex motor mostraram que a mesma organização está presente em humanos.

O conceito que havia marcado meu primeiro conhecimento do cérebro era, portanto, completamente errôneo. Não só é impossível distinguir, no cérebro, as regiões que percebem o mundo externo daquelas designadas para operá-lo, mas — por meio dos neurônios espelho — o cérebro individual se conecta e se coordena com o cérebro dos outros, permitindo, por exemplo, a coordenação motora na dança ou nado sincronizado.

Nesses casos, também é acionado um mecanismo de arrasto (*entrainment*) que permanece ativo mesmo ao custo de um aumento no consumo de energia. Em 12 de outubro de 2019, o campeão queniano Eliud Kipchoge foi o primeiro homem a correr uma maratona (42,195 km) em menos de duas horas. Para alcançar este fantástico resultado, contou com a ajuda de 41 "lebres", outros maratonistas que se revezavam ao seu lado para manter o ritmo da prova. Um exemplo das possibilidades que podem ser obtidas por meio do "trabalho em rede" das habilidades motoras.

Em outros casos, a coordenação motora interpessoal ocorre por meio de um acoplamento das consequências das ações: o goleiro se lança em direção à bola chutada pelo atacante porque consegue intuir sua trajetória com base no efeito do movimento usado para chutá-la, que é codificado da mesma forma por quem o realiza e por quem o observa. Segue-se que aqueles que são especialistas na execução de um movimento, são ainda mais precisos na avaliação de seu efeito: por exemplo, Aglioti e seus colegas (2008) mostraram que os jogadores profissionais de basquete são muito mais experientes do que comentaristas experientes do mesmo esporte, na identificação dos primeiros arremessos que irão para a cesta, antes mesmo da bola sair das mãos do jogador.

4. Sem palavras

Paris, 1861. Ele havia apoiado o cano da pistola na têmpora e tinha puxado o gatilho. Havia caído no chão, inconsciente. Em seguida, acordou. Eles o colocaram em uma carroça e o levaram para o Hospital St. Louis. Era um caso sem esperança. Os lobos frontais do cérebro estavam quase completamente descobertos. O paciente (não sabemos o nome dele) estava falando. Sua inteligência parecia preservada. O médico continuava lhe fazendo perguntas e ele respondia na mesma frequência. Enquanto isso, tentou limpar a ferida e, com uma espátula, retirar os fragmentos ósseos. Ao fazer isso percebeu que, ao pressionar levemente com a espátula sobre o cérebro, a palavra era interrompida no meio. Ele não perdeu a consciência, mas de repente parou de falar. O médico repetiu a manobra algumas vezes e percebeu que isso só acontecia se ele pressionasse o lobo frontal.

O caso foi observado pelo dr. M. Cullerier e relatado por Ernest Auburtin, genro e aluno de Jean Baptiste Bouillaud, que já havia afirmado em 1825 que lesões no lobo frontal causavam perda seletiva de linguagem. Segundo ele, não era o lado direito ou esquerdo da lesão que importava, mas o fato de a lesão acometer o lobo frontal. Muitos contemporâneos discordaram. O ceticismo era justificado: a teoria da localização da linguagem em uma região distinta do cérebro foi apoiada pela frenologia (do grego: φρην = mente, λογοσ = estudo da mente, veja a figura 4.1), uma doutrina muito popular na época, mas que não gozava de grande consideração nos meios científicos.

1. A frenologia

Segundo os frenologistas, as funções psíquicas e as características da personalidade eram inatas, localizadas em áreas distintas do cérebro e, medindo as protuberâncias cerebrais, foi possível encontrar vestígios do desenvolvimento particular desta ou daquela faculdade individual. Mas este era apenas o aspecto mais superficial da "doutrina frenológica", o que nos faz rir quando ouvimos falar de "galo da matemática"[1]. Na realidade, Franz Joseph Gall (1757-1828), o fundador da frenologia, era tudo menos um charlatão. Com muito pouco conhecimento e meios disponíveis ainda mais escassos, ele teve uma série de *insights* corretos. Afirmou, primeiramente, que o córtex cerebral é a sede da mente e que as regiões do córtex estão engajadas cada uma em uma faculdade diferente. Gall chamou sua teoria de "organologia", porque ele achava que cada faculdade tinha seu próprio órgão no cérebro. Segundo ele, a força com que uma função se manifesta está ligada ao tamanho do próprio órgão (naquele que é muito bom em resolver problemas matemáticos, aquela parte do córtex cerebral que constitui o órgão da matemática é particularmente desenvolvida). Gall também achava que o tamanho da porção do córtex dedicada a uma função poderia determinar a conformação do crânio. Daí o possível "galo" da matemática.

Sabemos hoje que não há "galos" da matemática ou da linguagem, mas devemos reconhecer que o córtex cerebral destina mais espaço para as atividades que mais exercita. E assim, por exemplo, nos violinistas aquela parte do córtex sensório-motor que controla os dedos da mão

---

1. Como se verá mais abaixo, a expressão está ligada à visão de Franz Joseph Gall, que tentava "ler" protuberâncias, galos ou caroços eventualmente presentes na cabeça de seus pacientes e que ajudariam a determinar as características da personalidade de determinada pessoa. A expressão usada aqui pelo autor italiano ("bernoccolo"), além de indicar um "galo" ou "protuberância" na cabeça, é usada na língua italiana para indicar a predisposição de alguém por determinada área do conhecimento. (N. do R.)

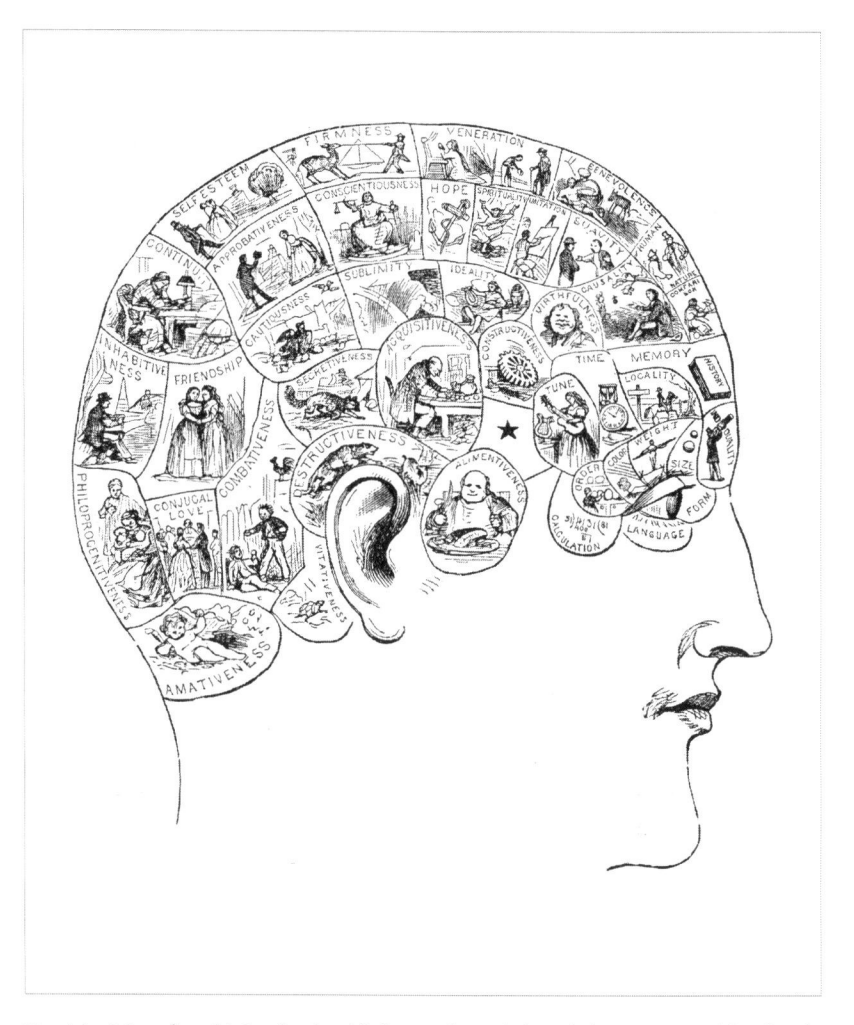

Fig. 4.1. Mapa frenológico das faculdades cerebrais (a área da linguagem está localizada sob o piso da órbita). Mapa da Wikipédia (domínio público).

esquerda, com a qual se buscam notas e acordes, é mais desenvolvida do que aquela que controla a mão direita, enquanto nos taxistas de Londres se desenvolve particularmente o hipocampo, a parte do cérebro que é crucial para a memória espacial (MAGUIRE et al., 2000).

As teorias de Gall tiveram seu primeiro impulso a partir da observação de um colega de escola que tinha os olhos esbugalhados e uma memória excepcional para as palavras. Gall havia pensado, portanto, que a linguagem estivesse localizada nos lobos frontais (ou anteriores, como costumavam ser chamados então). O desenvolvimento particular do lobo frontal teria empurrado os olhos para fora. Não é por acaso que na figura 4.1, a área destinada à linguagem estava próxima aos olhos. Ele, então, observou vários casos de soldados que perderam a linguagem após ferimentos frontais. Entre estes, Edouard de Rampan, um jovem de 26 anos, que lhe fora enviado pelo barão Dominique Jean Larrey, cirurgião-chefe do Grande Exército de Napoleão Bonaparte.

Edouard de Rampan havia sido ferido em um duelo. A lâmina da espada, que penetrara até o nível do dente canino esquerdo, passou pela cavidade nasal e entrou na parte anterior do cérebro. Em seguida a isto, de Rampan teve paralisia do lado direito do corpo e perdeu a memória para palavras, mas não para imagens e lugares. Ele reconheceu, por exemplo, o barão Larrey, mas não se lembrava de seu nome.

Gall também descreveu outros casos em que a hemiparesia direita estava associada à perda da linguagem. Entre estes está o caso de um homem que, após uma lesão vascular, apesar de conseguir movimentar a língua, sua linguagem era tão pobre que ele só conseguia se comunicar com gestos. Gall poderia ter notado a relação entre as lesões do hemisfério esquerdo e a fala, mas não o fez. Em vez disso, ele seguiu a teoria de François Xavier Bichat, segundo a qual cada hemisfério é um órgão completo da mente, assim como cada olho pode servir como um órgão completo para a visão. Quando lesões em um único hemisfério causam déficit de linguagem, Gall pensou que isso se devia a uma alteração do equilíbrio entre dois hemisférios com funções absolutamente idênticas[2].

Em apoio às ideias de Gall, vários casos de perda de linguagem após lesão cerebral focal foram relatados nos Estados Unidos e na Grã-Bretanha. Pelo menos 11 foram descritos na Itália, mas foi o debate ocorrido na França que, por vários motivos, marcou o início da neuropsicologia. Franz Gall se estabeleceu em Paris em 1807, quando estava no auge de

---

2. FINGER, *Origins of Neuroscience*, 1994.

sua fama. Ali abriu um consultório médico e cultivou relações com literatos e homens ilustres. Em Paris, ele organizou uma espécie de *festa da frenologia*, frequentada por pessoas que lhe pediam para examinar seus crânios. Entre essas pessoas estava também Josefina de Beauharnais, a primeira esposa de Napoleão[3].

Durante sua estada em Paris, Gall publicou a maioria de suas obras. Suas ideias provocaram um acalorado debate, e não apenas entre os médicos. Havia admiradores e detratores. Por um lado, houve a negação do dualismo cartesiano mente-cérebro em favor de uma interpretação naturalista do comportamento humano. Muitos intelectuais ficaram perplexos e até Napoleão Bonaparte se opôs a ele, tentando influenciar a opinião dos comissários do *Institut de France* para que recusassem, como fizeram mais tarde, uma obra de Gall. Por outro lado, havia quem considerasse suas teorias anatômicas e neurofisiológicas superficiais. Seu caráter não o ajudava: ele era narcisista, arrogante, irritável. Quando se tratava de opiniões diferentes da sua, ele era desdenhoso. Quando uma observação não coincidia com sua teoria, ele a apresentava como exceção e dava um exemplo contrário que confirmava suas ideias.

2. Bouillaud e o desafio de Aubertin

Jean Baptiste Bouillaud, sogro e professor de Aubertin, foi um dos membros fundadores da *Société Phrénologique*. Então ele se afastou, porque não aceitava que a cranioscopia pudesse ser considerada um método válido para estudar a função cerebral. Para Bouillaud, era preciso contar com a observação dos pacientes e a correlação anatomoclínica.

Aubertin, em 4 de abril de 1861, durante a reunião da Sociedade de Antropologia, em que relatou o caso do paciente que havia sobrevivido ao fato de ter dado um tiro de revólver em sua própria têmpora, citou o caso do sr. Bache, paciente que teve a oportunidade acompanhar por muito tempo no departamento de Bouillaud. Bache havia perdido completa-

---

3. FINGER, Stanley; ELING, Paul, *Franz Joseph Gall, Naturalist of the Mind, Visionary of the Brain*, Oxford, Oxford University Press, 2019.

mente a linguagem, mas entendia o que lhe diziam e respondia com gestos às perguntas. Agora as condições gerais pioravam e Aubertin presumiu que ele morreria em poucos dias.

Seu diagnóstico, de acordo com as teorias defendidas por Bouillaud, foi de lesão dos lobos anteriores. Aubertin lançou o desafio: "Se os lobos anteriores forem encontrados intactos na autópsia, desistirei das ideias que expus, pois só posso ficar com os fatos. Ninguém jamais observou uma lesão limitada ao lobo médio ou posterior do cérebro que tenha destruído a faculdade da linguagem".

3. Paul Broca, Leborgne e Lelong

Não temos notícias do resultado dessa autópsia, mas, por coincidência, poucos dias depois, em 12 de abril de 1861, Victor Leborgne, afásico há muitos anos, foi transferido para o departamento de cirurgia chefiado por Paul Broca para tratar um flegmão gangrenoso que afetou o pé direito, a perna e a coxa. Leborgne tinha 52 anos. Ele nasceu em 21 de julho de 1809 em Moret-sur-Loing, uma pequena cidade ao sul de Paris, onde havia muitos curtumes (em francês *tanneries*). Sua mãe morreu quando ele tinha 3 anos. O pai era professor primário. Desde menino sofria de crises epilépticas, mas isso não o impedira de trabalhar como artesão até os 30 anos (ele moldava couros curtidos para fazer sapatos). Então, aos 30 anos, não se sabe quão agudamente, ele começou a apresentar afasia severa. Internado na enfermaria de Psiquiatria do Hospital Bicêtre, não tendo parentes que pudessem cuidar dele, lá permaneceu por 21 anos (PEARCE, 2009). As dificuldades expressivas de Leborgne eram muito sérias. Ele respondia a qualquer pergunta repetindo "tan tan" (talvez as *tanneries* tivessem algo a ver com isso), mas com a gesticulação e a entonação de sua voz ele conseguia, de alguma forma, se fazer entender. Compreendia bem o que lhe diziam e era considerado perfeitamente capaz de compreender e de querer. Dez anos depois, novos sintomas apareceram gradualmente: uma perda de força na mão e depois no braço direito, que gradualmente se espalhou também para a perna direita, forçando-o a permanecer na cama.

Não havia antibióticos e uma infecção na perna, com aquela gravidade, era equivalente a uma sentença de morte. Leborgne morreu em

17 de abril. A autópsia foi realizada 24 horas depois. O cérebro mostrou um cisto, do tamanho de um ovo de galinha, localizado no lobo frontal esquerdo. As circunvoluções subjacentes pareciam difusamente atróficas. O máximo da atrofia se encontrava ao nível dos pés do terceiro giro frontal esquerdo e é por isso que Broca atribuiu à lesão dessa região a causa do distúrbio da fala e a sede da "fala articulada". O caso foi apresentado na sessão da Sociedade de Antropologia em 18 de abril de 1861 (no mesmo dia da autópsia) e, detalhadamente, em agosto do mesmo ano, para a Sociedade de Anatomia, que publicou o caso em seu boletim (BROCA, 1861).

Alguns meses depois, Broca conheceu outro paciente com afasia. O sr. Lazare Lelong foi hospitalizado com um fêmur quebrado após uma queda. Morreu no intervalo de uma semana. Tinha 84 anos e durante um ano, após um AVC, ele mal conseguia pronunciar cinco palavras: "oui", "non", "tois" (em vez de "trois"), "toujours" e "Lelo" (a abreviatura de seu sobrenome). A autópsia mostrou uma lesão na mesma localização de Leborgne. Broca apresentou este caso à Sociedade de Anatomia em novembro de 1861, enfatizando que "a integridade do terceiro (e talvez também do segundo) giro frontal parece essencial para o exercício da faculdade da linguagem articulada".

Nada ainda era dito sobre o papel dominante do lado esquerdo, mas essas duas observações anatomoclínicas marcaram o início da neuropsicologia ou, talvez melhor, o fim da pré-história neuropsicológica. Até então, pensava-se que era apropriado localizar as funções superiores em termos de distância de pontos de referência fixos do cérebro ou do crânio. No máximo, se fazia referência aos quatro lobos principais (frontal, parietal, temporal e occipital). Broca, pela primeira vez, voltou sua atenção para as circunvoluções cerebrais individuais e deu uma definição clara do distúrbio de linguagem que havia observado e que chamou de *afemia*. Ele observou que a inteligência, a compreensão da linguagem e a memória das palavras eram preservadas, assim como a ação dos músculos que garantem a fonação e articulação das palavras. A faculdade da linguagem articulada estava comprometida, a que Bouillaud havia definido "o princípio legislador da palavra".

O termo *afasia* foi introduzido mais tarde, em 1864, por Armand Trousseau (1801-1867), que contou como um de seus alunos de origem grega (M. Crysaphis) havia lhe feito observar que o termo *afemia* no grego moderno significa "infâmia". Trousseau também consultou Émile Littré, um famoso filólogo, que o aconselhou a usar o termo afasia, porque *fasia* em grego significa "linguagem". Littré também destacou que o termo afasia já havia sido usado por Platão para expressar a situação de um homem que foi silenciado por falta de argumentos. Broca respondeu a Trousseau tentando argumentar a favor do termo afemia, mas no final prevaleceu a proposta de Trousseau (RYALLS, 1984).

4. Broca, Dax e a dominância do hemisfério esquerdo para a linguagem

Entre 1861 e 1865 Broca publicou outros casos de afasia. A linguagem tornou-se, assim, a primeira função psicológica localizada no sistema nervoso central. No entanto, somente em 1865 Broca publicou o trabalho que afirmava solenemente: "Falamos com o hemisfério esquerdo". Surgiu, no entanto, uma controvérsia sobre o direito de nascença dessa afirmação, levantada por Gustave Dax, filho de Marc.

Marc Dax era um médico rural. Ele tinha sua clínica em Sommières, uma pequena aldeia da Languedoc, não muito longe de Montpellier, e aí, em 1800, examinou seu primeiro paciente afásico. Nos anos seguintes participou de algumas campanhas napoleônicas. Ele havia visto soldados que ficaram afásicos devido a ferimentos no hemisfério esquerdo e pessoas cujos distúrbios de linguagem estavam associados a uma hemiparesia direita. Ao todo, ele havia coletado 40 casos que havia observado pessoalmente e outros tantos que havia rastreado na literatura. Todos indicavam que o hemisfério esquerdo tinha um papel especial na linguagem. Marc Dax apresentou esses dados em 1836 em um congresso realizado nas proximidades de Montpellier. Foi um evento para celebrar os avanços culturais das regiões do sul da França. A medicina tinha um pequeno papel neste *Congrès Méridional* e o discurso de Marc Dax não teve nenhum eco.

Marc Dax morreu em 1837. Seu filho Gustave se formou em medicina em 1843. Ele retomou o trabalho de seu pai em Sommières. Entre os anos de 1840 e 1850 preparou um longo artigo sobre o assunto e, em 1858, o distribuiu a alguns colegas. Outros cinco anos se passaram. Em março de 1863, Gustave Dax enviou seu manuscrito, junto com o de seu pai, a duas importantes instituições: a *Académie des Sciences* e a *Académie de Médecine*. A obra foi confiada a uma comissão de especialistas que deveria avaliar seu valor para a publicação, mas ficou muito tempo em alguma gaveta: era muito "revolucionária" ou os especialistas é que eram muito morosos?

Ainda em 1863 (2 de abril), Paul Broca apresentou oito novos casos de afasia, todos com lesão frontal esquerda, mas comentou que não se podia concluir que os dois hemisférios cerebrais tivessem funções distintas. Quando, em 1865, Paul Broca proclamou a teoria da dominância hemisférica esquerda na linguagem, afirmou não ter conhecimento do artigo que havia sido apresentado por Gustave Dax em 1863. O artigo de Dax intitulava-se: *Observations tendant à prouver la coïncidence constante des dérangements de la parole avec une lésion de l'hémisphère gauche du cerveau*[4]. É difícil acreditar em Broca. O *Boletim da Academia de Medicina* de 24 de março de 1863, em que se anotava o recebimento do trabalho de Dax continha, na mesma página, além do título do artigo de Dax, o requerimento com o qual Paul Broca pediu para ser admitido como membro da Academia de Medicina (CUBELLI; MONTAGNA, 1994). Poderia ter-lhe escapado aquele título que apresentava um assunto tão interessante para ele?

O que se pode concluir em relação a essa *controvérsia*? Não há dúvida de que o manuscrito de Marc Dax, de 1836, seja autêntico e que o trabalho dos Dax (pai e filho) tenha sido submetido à Academia de Medicina, em 1863, bem antes de Broca afirmar a dominância do hemisfério esquerdo para a linguagem. Também é muito provável que Broca tenha pelo menos lido o título da obra de Dax. No entanto, existem diferenças de método, bem como de estatura na comunidade científica, que justificam o peso preeminente que ainda hoje é reconhecido em relação às observações de Broca. Marc e Gustave Dax se basearam sobretudo na concomitância, em grande número de casos, entre hemiparesia direita e distúrbios de linguagem em geral (*dérangements de la parole*). Gustave Dax havia notado que, além do lobo frontal, o lobo temporal também poderia desempenhar um

---

[4]. "Observações tendendo a provar a coincidência constante de distúrbios da fala mediante uma lesão do hemisfério esquerdo do cérebro", tradução nossa. (N. da T.)

papel na linguagem. Broca, em vez disso, concentrou-se na concordância de perda da expressão da fala (*perte du langage articulé*) com lesões nos pés da terceira circunvolução frontal, em uma série mais restrita de casos, mas acompanhada de achados de autópsia. Marc Dax foi, portanto, o primeiro a fazer uma observação de grande importância, mas, Broca deu o primeiro passo para a fundamentação científica da neuropsicologia. O fato de se encontrar no lugar certo e na hora certa, também contribuiu decisivamente para a divulgação de sua descoberta.

5. Carl Wernicke e a afasia sensorial

Ainda mais revolucionário do que Broca, no entanto, foi Carl Wernicke, um jovem neurologista alemão que, em 1874, quando tinha apenas 26 anos, publicou a primeira teoria sobre a organização das áreas cerebrais responsáveis pela linguagem. Wernicke, além de muito jovem, era um perfeito desconhecido. Ele vinha de uma família normal, havia se formado na Breslávia e não tinha apoio de acadêmicos famosos. No entanto, ele teve a oportunidade de frequentar, por seis meses, o laboratório de neuroanatomia de Theodor Meynert em Viena, e foi influenciado por seus estudos sobre o papel das fibras associativas que conectam diferentes regiões do mesmo hemisfério.

Particularmente importante para ele foi o caso de Susanne Rother, uma senhora de 75 anos que, em 2 de novembro de 1873, subitamente mostrou uma grave deficiência de compreensão (as enfermeiras que a auxiliaram pensaram que ela tivesse ficado surda). O vocabulário, usado espontaneamente, era limitado. A língua era fluente, mas as palavras eram muitas vezes deformadas ou usadas uma em vez da outra. Por exemplo, ela poderia dizer "Muito obrigado de coração" ou "Você é um homem muito bom", mas em outras ocasiões ela chamava de "minha filha" o médico que ela mesma havia descrito como "um homem muito bom"[5].

A sra. Rother, que estava em um mau estado geral, morreu em curto tempo e, na autópsia, observou-se um amolecimento da primeira circun-

---

5. FABOZZI, Paolo, *La parola impossibile. Modelli di afasia nel XIX secolo*, Milano, Angeli, 1991.

volução temporal esquerda, que Wernicke identificou como o "centro sensorial da linguagem". Wernicke levantou a hipótese de que a linguagem fosse o resultado da interconexão de áreas do cérebro em que foram depositadas "imagens (hoje diríamos representações) motoras e sensoriais de palavras, de objetos, de ações e das conjunções necessárias para formar frases" e apresentou um esquema (curiosamente sobreposto ao desenho do hemisfério direito) no qual reconheceu, ao pé da terceira circunvolução frontal, a sede da linguagem expressiva e atribuiu à primeira circunvolução temporal o papel de "centro das imagens sonoras dos nomes dos objetos" (hoje diríamos "léxico fonológico"). Com base neste esquema, ele explicou não apenas os distúrbios afásicos decorrentes da lesão do centro das representações fonológicas (afasia sensorial, agora chamada "de Wernicke"), mas também aquela afasia que, junto ao déficit de compreensão, associa um severo déficit de expressão (afasia global).

Ainda me recordo do meu primeiro contato com um paciente que tinha este tipo de afasia, de forma particularmente grave. Eu era estudante: estava preparando minha tese de graduação com Ennio De Renzi, o fundador da neuropsicologia italiana. Fui convidado a visitar, juntamente com os membros de seu grupo de pesquisa, o sr. Mário, paciente que lhe fora enviado para um aconselhamento por um colega de Turim. Mário era um homem robusto, com cerca de sessenta anos. Vendedor em uma empresa de tecidos. Ele era hipertenso e tinha um distúrbio do ritmo cardíaco. Sabíamos que sua doença havia começado de repente: foi um AVC. De Renzi pediu-lhe que contasse o que havia acontecido. Mário começou a falar. Não era possível compreender nada daquilo que ele dizia. Ele continuava a falar com um sotaque piemontês muito forte. Quando parava, bastava acenar com a cabeça, fingindo entender, para que voltasse a falar, numa língua muito fluente. Mas as palavras que faziam sentido não ultrapassavam 10%. Parecia um *grammelot*, aquela sequência de sons sem sentido, que eu usava quando criança, fingindo falar como um alemão ou um francês, e que eu tinha visto, alguns meses antes, ser usado com maestria por Dario Fo no *Mistero Buffo*. Eles me explicaram que se tratava de um jargão, uma manifestação extrema da afasia de Wernicke. De Renzi me disse ter visto uma pessoa que, com o mesmo transtorno, havia sido internada indevidamente em um hospital psiquiátrico.

Alguns anos depois, fui chamado para uma consulta, para visitar a mãe de um colega que tinha o mesmo tipo de transtorno. A senhora era uma estimada professora de italiano, que viveu com incômodo as agitações estudantis que se sucederam nos anos setenta do século passado. Naquele dia, na escola onde lecionava, uma greve havia sido convocada e os alunos que a organizaram bloquearam com um piquete o acesso ao prédio da escola para alunos e professores. A professora não era pessoa de se deixar parar à porta da escola por seus alunos. Ela começou a discutir, argumentando sobre o seu direito e o direito dos alunos que não concordavam com os motivos da greve de entrar na escola. Depois forçou o bloqueio e foi para a sala dos professores. Ela estava agitada, não se sentia bem. Um colega a fez sentar-se em uma poltrona, fez algumas perguntas e percebeu que ela estava falando bobagens. O filho médico foi chamado e a acompanhou ao hospital, convencido de que o distúrbio da mãe era de natureza funcional, expressão de uma reação psicológica ao estresse sofrido na escola. Eu a visitei depois de dois dias. Também ela apresentava uma grave forma de afasia de Wernicke. Sua linguagem espontânea era fluente, jargonafásica. Ela não compreendia o que lhe era dito e não percebia que estava produzindo uma salada de palavras sem sentido. Se alguns objetos comuns fossem colocados à sua frente (uma moeda, uma chave, uma caneta, uma ficha de telefone), ela não era capaz de realizar ordens simples como "pegue a moeda". Não repetia corretamente o que eu lhe pedia para repetir.

6. A afasia de condução

No esquema de Wernicke, o distúrbio de linguagem causado pela interrupção das conexões entre a primeira circunvolução temporal (área de Wernicke) e a área de Broca, também encontrou seu lugar. Wernicke chamou isto de *afasia de condução* e descreveu alguns casos. Particularmente indicativo é aquele do sr. Beckmann, um farmacêutico de 64 anos, que no dia 15 de março de 1874 percebeu que não era mais capaz de ler com precisão e muito menos escrever, e que tinha dificuldade em encontrar palavras. Wernicke o descreve como um homem robusto com um rosto congestionado. É muito provável que ele fosse hipertenso, mas não era possível saber com certeza, já que o esfigmomanômetro, ou melhor, o medidor de pressão, foi inventado foi inventado por Samuel Siegfried Karl Ritter von Basch em 1881, e aperfeiçoado por Scipione Riva-Rocci em 1896.

Wernicke observou que o sr. Beckmann entendia tudo corretamente e sempre respondia com exatidão. Seu vocabulário era ilimitado, falava fluentemente, mas faltavam-lhe as palavras para muitos objetos que queria nomear, lutava para encontrá-las e, ao fazê-lo, ficava nervoso. Era, portanto, a mesma situação que ocorre esporadicamente em pessoas saudáveis que vivenciam o fenômeno da "ponta da língua". Quando o interlocutor adivinhava o que ele queria comunicar, dava um suspiro de alívio: "Sim, foi isso que eu estava querendo dizer". O distúrbio deixava assim, intactas as "imagens auditivas" das palavras e as representações motoras utilizadas para pronunciá-las. A escolha da palavra correta era interrompida porque, segundo Wernicke, "a imagem auditiva não pode lançar sobre o prato da balança suas importantes influências visando a escolha correta das representações motoras ou, pelo menos, se faz valer somente com uma intensidade muito menor".

Wernicke havia, portanto, elaborado uma verdadeira e própria teoria científica da organização cerebral da linguagem, capaz de fazer previsões e de ser falsificada por observações subsequentes. Ele foi o primeiro dos construtores de diagramas (*diagram makers*), como os chamou mais tarde, com uma boa dose de suficiência, Henry Head (1926).

7. O esquema de Lichtheim e as afasias transcorticais

O esquema de Wernicke foi aprofundado por Ludwig Lichtheim que, em 1885, propôs um modelo de processamento da linguagem que previa, além do centro sensorial e do centro motor da linguagem, um centro de conceitos e postulava a existência de conexões entre esses três centros, como ilustrado na figura 4.2.

No diagrama, as lesões de M estão na origem da afasia motora de Broca. As de U determinam a afasia sensorial de Wernicke e as do trato que conecta U com M, a afasia de condução, caracterizada por dificuldade de repetição, com boa compreensão e expressão verbal fluente, mesmo

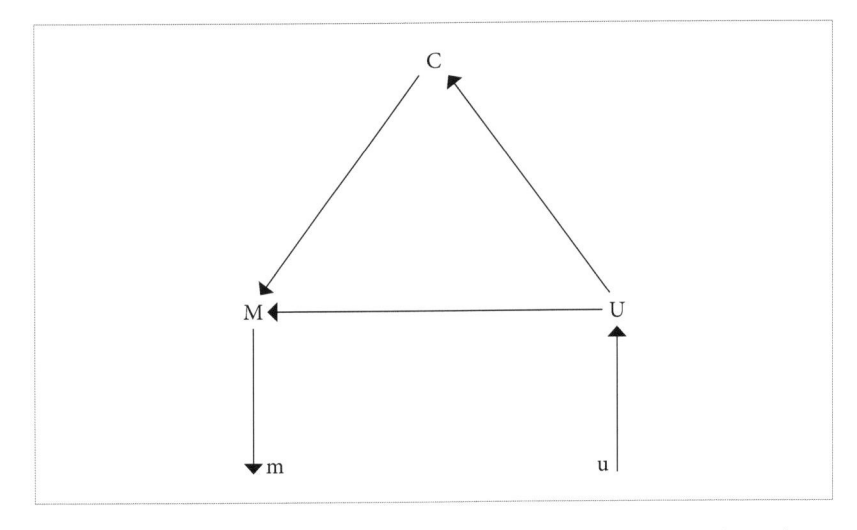

Fig. 4.2. A organização cerebral da linguagem segundo Lichtheim: u = análise auditiva; U = centro das representações auditivo-verbais; C = centro das representações dos conceitos; M = centro das representações motoras; m = programação articulatória.

que interrompida por anomia, circunlóquios (por exemplo: "aquela coisa que você precisa para desenhar") e parafasias fonêmicas ("láfis" em vez de "lápis"). A esses três tipos de afasia, Lichtheim acrescentou aquelas definidas como transcorticais, que desconectam U de C (transcortical sensorial) e C de M (transcortical motora). A primeira é caracterizada por uma grave falta de compreensão, que — diferentemente do que se observa na afasia sensorial de Wernicke — não é acompanhada por dificuldades na repetição de palavras e frases. Nesse tipo de afasia, às vezes você pode encontrar o fenômeno da ecolalia: a repetição, "como um papagaio", da pergunta feita pelo examinador. A segunda (afasia motora transcortical) distingue-se por uma expressão oral lenta, cansativa, com uma estrutura gramatical extremamente simplificada, mas — ao contrário da afasia de Broca — com boa repetição. Lembro-me de uma senhora com este tipo de afasia, que tendo sede, com grande esforço, depois de me chamar a atenção, me disse: "Água". Depois de ter bebido o copo d'água ela não teve dificuldade em repetir a frase: "Por favor, me dê um copo de água", mesmo que continuasse incapaz de produzir essa frase, em resposta a uma pergunta do tipo: "Qual é a frase para pedir um copo d'água?"

O esquema de Wernicke-Lichtheim teve grande sucesso no cenário clínico. Ainda é muito utilizado porque, com alguns testes simples para avaliar a fluência, compreensão e repetição, é capaz de classificar, de forma unívoca, ainda que grosseiramente, os distúrbios afásicos da linguagem oral.

8. A reação às associações

A abordagem associativa, baseada em modelos que contemplavam centros anatomicamente distintos, mas interconectados, no entanto, também teve opositores relevantes. Entre esses Hughlings Jackson que, aplicando à linguagem a distinção entre comportamentos automáticos e voluntários, notou que mesmo nas formas mais graves de afasia, foi frequentemente preservada a capacidade de produzir interjeições, sequências bem memorizadas (as séries de números, dias da semana ou meses do ano, canções e orações). Neste sentido, lembro-me do caso de Maria, uma senhora idosa que, após um derrame, não conseguia dizer seu nome, nomear objetos de uso comum ou repetir palavras simples. Tentei então uma oração: "Ave Maria..." convidando-a a continuar. Ela fez isso em latim: "Dóminus tecum, benedicta tu in muliéribus..." continuando corretamente até o fim, apesar de ter uma educação não superior à quinta série. A colega de quarto gritou dizendo que era um milagre, mas eu tive que decepcioná-la em relação a essa convicção. Evidentemente, Maria estava muito familiarizada com a prática do rosário e costumava rezá-lo em latim, como era costume quando era jovem.

Com base em observações como esta, Jackson argumentou que a afasia não era equiparada a uma "perda de palavras", mas sim à capacidade de usá-las para transmitir informações. A linguagem proposicional era tarefa do hemisfério esquerdo. No hemisfério direito permaneceu a capacidade de produzir as séries automáticas e as imprecações

Jackson também observou que houve um erro metodológico na atribuição de determinada função linguística ao local que, ao ser lesado, produzia a perda dessa função. Em suma, uma coisa é dizer que a integridade de uma determinada área do cérebro é essencial para desempenhar essa função, outra coisa é dizer que essa área é suficiente. Para coletar informações sobre a fisiologia da linguagem e integrá-las àquelas provenientes do estudo dos pacientes, seria necessário esperar até o final do século XX, com o advento da tomografia por emissão de pósitrons (PET) e da ressonância magnética funcional (fMRI).

Sigmund Freud também se opôs fortemente aos diagramas de Wernicke e Lichtheim. O pai da psicanálise, de outubro de 1885 a fevereiro de 1886, frequentou a clínica neurológica dirigida por Jean-Martin Charcot no hospital Salpêtrière, em Paris, e ali pôde se interessar pelo problema. Após sua estada em Paris, Freud deu várias palestras sobre o assunto e, cinco anos depois, publicou uma monografia sobre afasia[6]. Freud criticou especialmente a noção de localização funcional ("a delimitação das funções nervosas em áreas anatômicas bem definidas") e, em particular, o conceito de afasia de condução. Na afasia de condução, concentrou-se no déficit de repetição (relatado por Lichtheim) e na presença de parafasias na linguagem espontânea (relatado por Wernicke). Apontou que o transtorno de repetição não poderia surgir por si só, pois sempre seria possível repetir uma palavra cujo significado tivesse sido compreendido pela via U-C-M, aquela que, passando pelo centro dos conceitos, conduz do centro auditivo verbal ao centro motor. Estando igualmente intactas as representações cinestésicas no centro M e as conexões entre C e M, a única maneira de Wernicke explicar a presença de parafasias seria admitir um déficit de controle da área de Wernicke sobre a área de Broca (via U-M), colocando assim as parafasias presentes na afasia de condução no mesmo nível daquelas decorrentes de lesões na área de Wernicke.

Freud propôs uma classificação das afasias baseada em critérios essencialmente psicológicos, não anatômicos. Para Freud, todas as formas de afasia se originam da interrupção de fibras associativas, ou seja, de "condução". As vias associativas podem ser locais, como a complexa rede de conexões entre imagens sonoras, visuais e cinestésicas das letras que compõem o conceito verbal ou multimodal, que ultrapassam os limites

---

6. FREUD, Sigmund, *Zur Auffassung der Aphasien: Eine Kritische Studie*, Leipzig un Wien, Franz Deuticke, 1891.

das áreas linguísticas e constituem o conceito do objeto. Outras conexões relacionam então o conceito verbal com o conceito de objeto. Com base nisso, Freud reconheceu três tipos diferentes de afasia: afasia verbal, afasia simbólica e afasia agnósica.

A *afasia verbal* era consequência da perturbação das associações que compõem a representação verbal, enquanto o conceito de objeto permaneceu intacto: diante de um molho de chaves, a pessoa sabe perfeitamente o que é, mas não consegue pronunciar, ler ou, dependendo da extensão da lesão das conexões, escrever a palavra correspondente. Na sua forma mais grave, as características são as de uma afasia de Broca. A *afasia simbólica* era o resultado da interrupção das associações que conectam a representação da palavra com as associações do objeto correspondente. O resultado é um quadro semelhante ao de uma afasia transcortical sensorial ou mista (sensorial e motora). Um dano misto, verbal e simbólico resultaria em uma síndrome correspondente à afasia de Wernicke. Finalmente, a *afasia agnósica* era o resultado da perturbação das associações constitutivas da representação do objeto. Para Freud era um transtorno unimodal de reconhecimento dos objetos, o que hoje chamaríamos de agnosia associativa (ver capítulo 1): neste caso, as funções linguísticas estariam intactas, mas não alcançáveis através das associações do objeto em uma determinada modalidade sensorial (seguindo o exame anterior: o molho de chaves não é reconhecido visualmente, mas será, se for manipulado ou se as chaves forem chacoalhadas de modo a tilintarem).

As críticas de Jackson e Freud marcaram o início de uma mudança de paradigma no estudo dos transtornos afásicos de linguagem: a anatomia e a correlação anatômico-funcional deram um passo para trás e se estabeleceu um período histórico em que prevalecia uma abordagem funcional, mais interessada na descrição dos sintomas da lesão cerebral do que em sua localização anatômica. Entre os que se opunham aos modelos anatômicos, uma das posições mais extremas foi defendida por Carl Maria Finkelnburg (1832-1896). Com base no estudo de cinco pacientes, dois deles com verificação de autópsia, Finkelnburg concluiu que as dificuldades de linguagem sempre estiveram associadas a distúrbios de compreensão, leitura e escrita e, de forma mais geral, ao déficit no uso de imagens simbólicas como, por exemplo, notações musicais, monetárias e na capacidade de reconhecer rituais simbólicos e convenções sociais comumente aceitos. Propôs, portanto, o termo *assimbolia*, para identificar o transtorno subjacente a todas essas manifestações[7].

Entre os autores que marcaram esse período histórico, que vai do final do século XIX a meados do século XX, estão, com diferentes posicionamentos, os principais neurologistas da época.

Na França, Pierre Marie, que em 1906 publicou uma obra com um título provocativo: *Révision de la question de l'aphasie: la troisième circonvolution frontale gauche ne joue aucun rôle spécial dans la fonction du langage*[8]. O terceiro giro frontal à esquerda é a área de Broca. Segundo Pierre Marie, havia apenas um tipo de afasia, aquela descrito por Wernicke. A afasia era, para ele, um distúrbio do intelecto com manifestações específicas no contexto da linguagem. As dificuldades apresentadas pelos pacientes com afasia de Broca eram decorrentes da combinação da afasia com um distúrbio do controle articular (disartria). A posição de Pierre Marie foi contestada por Dejerine, outro famoso neurologista da época, mas continuou a atrair prosélitos ao longo da primeira metade do século XX.

Na Grã-Bretanha, Henry Head publicou em 1926, um texto em dois volumes intitulado: *Aphasia and kindred disorders of speech*[9], no qual, após ter atacado sarcasticamente a associação dos *diagram makers*, propôs uma classificação psicolinguística que incluía quatro tipos de afasia: verbal, sintática, nominal e semântica. As duas primeiras correspondiam, respectivamente, à afasia de Broca e de Wernicke. A afasia nominal era aquela em que o único distúrbio é o acesso ao léxico, uma espécie de exaltação do fenômeno da "ponta da língua", enquanto a afasia semântica era um transtorno afásico completamente novo em que fonologia, sintaxe, recuperação e compreensão da fala são poupadas, mas, fica comprometida a capacidade de tirar conclusões que vão além do significado literal da palavra. Pacientes com esse tipo de afasia teriam dificuldade particular

---

7. Duffy, Robert J.; Liles, Betty Z. A translation of Finkelnburg's (1870) lecture on aphasia as "asymbolia" with Commentary. *Journal of Speech and Hearing Disorders*, v. 44, n. 2 (1979), 156-168.

8. "Revisão da questão da afasia: a terceira circunvolução frontal esquerda não desempenha nenhum papel especial na função da linguagem", tradução nossa. (N. da T.)

9. "Afasia e distúrbios congêneres da fala", tradução nossa. (N. da T.)

em compreender construções lógico-gramaticais que expressem relações espaciais (por exemplo: acima, abaixo, na frente, atrás), mas também julgamentos comparativos como: "Giovanna é mais loira que Adriana, mas menos loira do que Susana".

Primeiro na Alemanha e depois nos Estados Unidos, Kurt Goldstein desempenhou um papel particular, ligado à sua história pessoal e profissional. Nascido em 1878 em Katowice, Polônia, graduou-se em Medicina em 1906 e estudou neurologia e psiquiatria em Breslau, sob a orientação de Wernicke. Após um período em Frankfurt, em 1906 mudou-se para Königsberg onde, em 1914, fundou o Instituto de Pesquisa sobre as Consequências de Lesões Cerebrais. Aqui ele trabalhou em estreita colaboração com Adhémar Gelb, um psicólogo que seguia as teorias da *Gestalt*. Ao aplicar ao organismo o princípio de figura-fundo típico da *Gestalt*, Goldstein desenvolveu sua teoria sobre as relações mente-cérebro e tornou-se o maior representante da escola holística. No âmbito da afasia, isso o levou a enfatizar os efeitos generalizados dos distúrbios de linguagem nas habilidades intelectuais e adaptativas dos pacientes, que por sua vez interagiam e determinavam as próprias características do transtorno afásico.

Quando Hitler se tornou primeiro-ministro em 1933, Goldstein foi preso e encarcerado em um porão. Depois de uma semana, ele foi liberado com a condição de deixar a Alemanha e nunca mais voltar. Mudou-se para Amsterdã, onde permaneceu por cerca de um ano. Em 1934, como muitos intelectuais e profissionais de origem judaica, emigrou para os Estados Unidos, onde trabalhou como neurologista e psiquiatra em Nova York e Boston.

Goldstein aceitava a classificação das síndromes afásicas proposta pelo modelo de Wernicke-Lichtheim, mas não estava interessado na localização das diferentes formas de afasia ou na sua interpretação em sentido associativo. Reconhecia os sintomas típicos da afasia de condução, mas preferiu defini-la como afasia central e atribuiu a afasia motora transcortical a um distúrbio não linguístico que envolvia a iniciação da linguagem.

São várias as razões que, nesse período, levaram a um declínio no interesse pelo estudo da organização cerebral da linguagem. Em primeiro lugar, havia uma razão intrínseca, ligada aos limites da metodologia utilizada: a correlação anatomoclínica. Os pacientes foram estudados com exames diferentes uns dos outros e foi necessário aguardar a autópsia para determinar a lesão cerebral que correspondia ao quadro clínico descrito. Mas havia, também, razões culturais: na psicologia experimental, o gestaltismo e o behaviorismo prevaleceram.

Para os gestaltistas, os danos cerebrais interfeririam nas funções básicas da linguagem porque perturbavam a reatividade geral do cérebro. A sintomatologia afásica foi derivada da combinação de danos sensório-motores e psicológicos. Os conceitos psicológicos, portanto, tiveram que complementar ou mesmo substituir as teorias baseadas em estruturas neuroanatômicas. Os behavioristas pretendiam fazer da psicologia uma ciência natural, mas viam o cérebro como uma "caixa-preta". A psicologia teve que se limitar a estudar as relações entre as modificações do estímulo e as respostas obtidas, mas, não podia ter acesso à caixa-preta, não podia dizer nada sobre a arquitetura dos processos que aconteciam dentro do cérebro.

9. Norman Geschwind e a redescoberta dos clássicos

O contexto cultural mudou na segunda metade do século XX, a partir de um grupo de neurologistas, fisiologistas e psicólogos americanos e europeus que, a partir de 1951, deram origem a uma sociedade científica (*Neuropsychological Symposia*) que se reunia todos os anos durante uma semana, compartilhando os resultados das pesquisas e discutindo-os em um contexto altamente interdisciplinar. Duas revistas internacionais nasceram naquele momento, *Neuropsychologia* em 1963 e, no ano seguinte, na Itália, *Cortex*.

Esse grupo incluía Norman Geschwind, um neurologista americano, eclético e poliglota, com interesses que variavam da anatomia comparada às bases fisiopatológicas dos distúrbios cognitivos, ao papel dos sistemas endócrino e imunológico nas funções cerebrais. Lembro-me que ele veio a Módena e deu uma conferência, começando a falar em italiano. Em seguida, mudou para uma citação em latim e continuou sua fala, pedindo desculpas em inglês, deixando-nos a todos subjugados por seu carisma.

Graças também à sua capacidade de ler em diversas línguas, redescobriu os autores clássicos franceses e alemães e revisitou o modelo Wernicke-Lichtheim. Em seu trabalho monumental sobre síndromes da desconexão, Geschwind (1965) forneceu uma explicação coerente das principais síndromes afásicas, acompanhada de observações de anatomia comparada. Segundo Geschwind, o desenvolvimento da linguagem em humanos se baseia no aparecimento de uma região do cérebro que está ausente (ou está presente de forma muito rudimentar) em outros primatas. Essa nova estrutura anatômica é o *lóbulo parietal inferior*, que inclui o giro angular e o giro supramarginal, e está localizado na fronteira entre o lobo parietal, o lobo occipital e o lobo temporal (ver a figura 1 no início do livro). Sua característica distintiva está no fato de receber informações que já foram processadas por outras áreas associativas (tátil, visual e auditiva). Essa região se torna crucial na fase de aprendizado da palavra, pois permite relacionar o som da palavra com as características perceptivas (visuais e táteis) do objeto ao qual ela se refere.

A afasia de Wernicke pode então ser vista como resultado da destruição do depósito de associações auditivas. O "nome" passa, portanto, da área de Wernicke e, através do giro angular, ativa associações em outras partes do cérebro, permitindo reconstruir seu significado. É por isso que a área de Wernicke é tão importante para a compreensão da linguagem. Além disto, a compreensão da linguagem não estaria comprometida apenas pela lesão da área de Wernicke: bastaria que esta, ainda que intacta, fosse isolada das áreas associativas que definem o sentido das palavras ou daquilo que Lichtheim definiu como "o centro dos conceitos".

A área de Broca, ainda na perspectiva do modelo de Wernicke-Lichtheim-Geschwind, poderia ser definida como o depósito das associações motoras necessárias à produção de fonemas, palavras e estruturas gramaticais, e o feixe arqueado como o conjunto de fibras que conectam entre si as áreas de Broca e Wernicke. Sua lesão explica as características da afasia de condução e, em particular, o déficit de repetição.

O esquema neuroanatômico clássico, também para Geschwind, se desenvolveu em torno do eixo compreensão-produção da linguagem. Esse esquema auxiliava o médico nas fases de diagnóstico e reabilitação. A identificação das síndromes afásicas fornecia elementos úteis na localização do local da lesão cerebral, em um período em que não havia métodos instrumentais para tal, e servia para orientar a atividade de reabilitação.

10. A contribuição da neurolinguística

A partir da década de 1970, esse modelo entrou em crise. Estava ficando cada vez mais claro que a produção e a compreensão da linguagem estão inter-relacionadas e que os transtornos afásicos geralmente afetam as habilidades linguísticas transversalmente. Um exemplo veio de estudos sobre o *agramatismo*, um distúrbio afásico da produção verbal, frequentemente observado na recuperação da afasia de Broca. No agramatismo, a linguagem espontânea é caracterizada pela omissão de palavras funcionais, aquelas que, como artigos, pronomes, preposições e conjunções, não transmitem um significado, mas possuem uma função gramatical. Parece a linguagem de um estrangeiro que não aprendeu bem a nossa língua ou a de quem está ditando um telegrama.

Silvia, uma senhora afásica de 43 anos, respondeu assim ao pedido para contar sua receita de macarrão com molho de carne:

> O molho... diz... bom... ah... eh... cebolas, ...leite, ...sal e óleo... cubo [de caldo]... depois... retorna... depois... molho... pitada... oh... pitada... oh pitada... sim... bom... tomate.

A interpretação clássica desse transtorno era de que se tratasse de um fenômeno secundário ao déficit motor, uma forma de adaptação a uma nova situação, que tendia a reduzir o esforço expressivo, mas que não afetava as habilidades sintáticas, morfossintáticas e semântico-lexicais. No caso de Silvia, seu acesso ao nome dos ingredientes que compunham a receita era bom, mas havia dificuldades óbvias na produção de frases, mesmo que relativamente simples, do ponto de vista gramatical.

Seria possível então concluir que o caráter telegráfico da sua linguagem espontânea se devesse a um esforço articulatório? Ou o problema de Silvia dizia respeito à representação da estrutura sintática das frases? Para sanar essa dúvida utilizamos um teste de compreensão sintática, que exige a associação de frases como: "O cachorro está sendo perseguido pela criança", ao desenho correto, a ser escolhido entre três alternativas que mostram, respectivamente, uma criança perseguindo um cachorro, um cachorro perseguindo uma criança e uma criança perseguindo um cavalo. As respostas de Silvia não deixaram dúvidas: sua compreensão do significado das palavras, mesmo aquelas de uso menos comum, era boa, mas não era suficiente para compreender o significado de frases com estrutura sintática, ainda que modestamente complexa.

Seu comportamento era indicativo de um déficit de compreensão sintática, como é frequentemente visto em pacientes com afasia de Broca. Em particular, Alfonso Caramazza e Edgard B. Zurif (1976) mostraram que pacientes com afasia de Broca ou afasia de condução não têm dificuldade de compreensão quando as informações semânticas são suficientes para superar as ambiguidades, mas que o desempenho deles se torna muito ruim, não distinguível daquele de pacientes com afasia de Wernicke, se for imprescindível recorrer às habilidades sintáticas.

Esse tipo de observação e a impossibilidade de se chegar, com a tecnologia disponível naquela época, a uma definição anatômica precisa do dano cerebral correspondente ao distúrbio de linguagem presente no paciente individual, levou a uma nova paralisação dos estudos sobre a organização cerebral da linguagem. A atenção dos pesquisadores deslocou-se da anatomia para a arquitetura funcional, da dicotomia Wernicke-Broca (compreensão e expressão) para déficits mais limitados, que se refletiram em modelos que integravam conhecimentos de psicolinguística e psicologia cognitiva. A ideia básica era que o sistema cognitivo fosse modular (FODOR, 1983), consistindo de componentes discretos, que podem ser isolados tanto funcionalmente quanto anatomicamente. Em um sistema desse tipo, os efeitos do dano a um único componente devem ser limitados, porque os outros componentes continuam a funcionar como antes do dano ocorrer. Assim, nasceu um novo tipo de diagrama, composto por quadrados ou *box* (os módulos) conectados entre si por setas (*arrows*), cuja arquitetura refletia os resultados de estudos experimentais em sujeitos normais e observações clínicas em pacientes. Os psicólogos cognitivos tornaram-se construtores de diagramas de *box and arrows* (ver, por exemplo, na figura 4.3, o modelo de processamento lexical e sublexical).

Esperava-se que, a cada *box*, correspondesse uma região do cérebro e, a cada *arrow*, um feixe de fibras de matéria branca, mas isso exigiria uma suposição teórica muito forte: que os módulos definidos com base em parâmetros psicológicos refletissem o funcionamento de estruturas discretas do cérebro. Este não é o caso e tampouco é necessário que seja.

```
/palavra/          Figura              PALAVRA
```

| Análise auditiva | Análise visual | Análise visual |

- Léxico fonológico de entrada
- Descrição estrutural
- Léxico ortográfico de entrada
- Conversão auditiva fonológica
- Sistema conceitual
- Conversão ortográfica fonológica
- Léxico fonológico de saída
- Léxico ortográfico de entrada
- Buffer fonêmico
- Conversão fonológica ortográfica
- Buffer grafêmico

/palavra/   PALAVRA

■ Níveis de processamento lexical   ■ Níveis de processamento sublexical

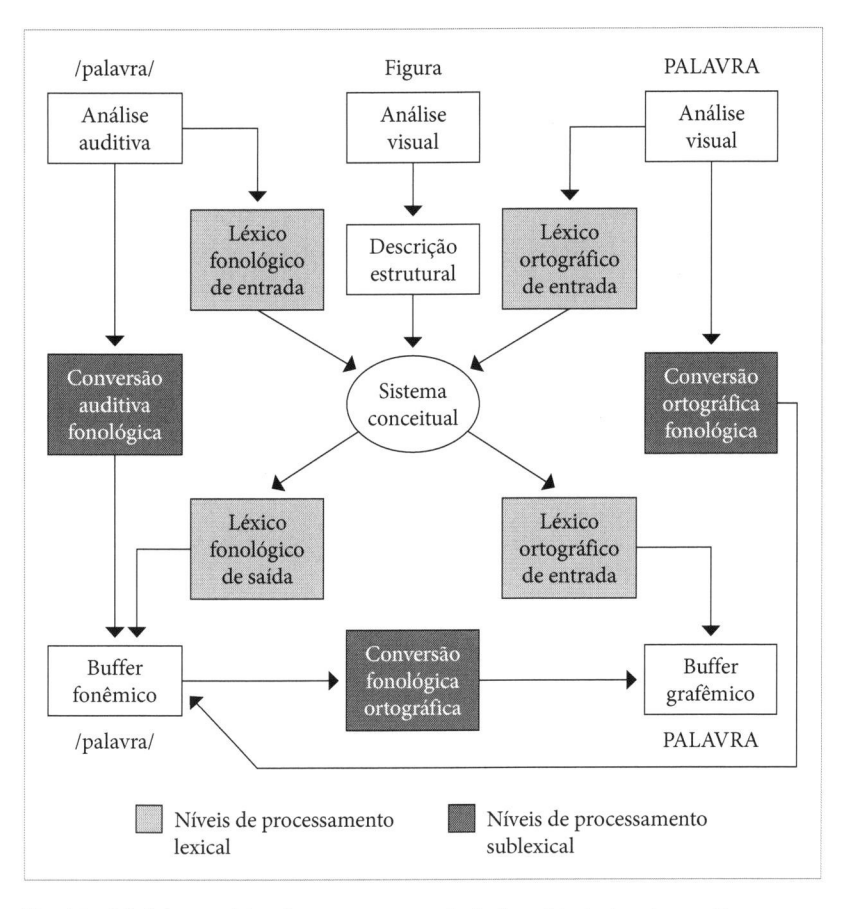

Fig. 4.3. Modelo cognitivo do processamento lexical e sublexical oral e escrito.

Fonte: VALLAR, Giuseppe; PAPAGNO, Costanza, *Manuale di Neuropsicologia*, Bologna, Il Mulino, 2011.

Cada disciplina encontra em si a justificativa dos parâmetros explicativos que adota. A abordagem psicolinguística dos transtornos afásicos possibilitou compreender melhor os transtornos de linguagem, leitura e escrita e teve repercussões importantes na reabilitação, mas por si só não poderia levar diretamente a um maior conhecimento das bases neurais da linguagem. Este não era seu objetivo.

11. Um novo modelo neuroanatômico de linguagem

Para entender melhor a relação entre linguagem e estruturas cerebrais, foi necessário esperar o desenvolvimento das técnicas de visualização da estrutura e da função do cérebro e dos métodos estatísticos de análise das informações obtidas com a ressonância magnética (RM) cerebral. A tomografia (TC) foi concebida em 1967. O primeiro aparelho de TC cerebral foi instalado em Londres em 1971. As primeiras imagens de RM *in vivo* foram publicadas em 1977, mas foi preciso esperar os anos oitenta para se explorar as possibilidades da RM na área médica e, o ano de 1991 para se obter as primeiras imagens de ressonância magnética funcional. A década seguinte foi decisiva para o aperfeiçoamento das técnicas estatísticas de análise de imagens funcionais e da relação entre manifestações clínicas e imagens anatômicas. A visualização do curso das fibras mielinizadas que conectam diferentes partes do cérebro (tratografia da substância branca) começou nos anos 2000 e entrou em uso clínico na segunda década do nosso século. O conceito de conectoma, o mapa das conexões neurais do cérebro, foi introduzido em 2005, por Olaf Sporns e Patric Hagmann.

A retomada do interesse pela organização da linguagem acompanhou a evolução da tecnologia, mas também incorporou as noções de psicolinguística que se acumularam nas décadas anteriores. Comparado ao modelo de Wernicke-Lichtheim-Geschwind, as principais críticas diziam respeito à estrita divisão de tarefas entre lobo temporal (compreensão) e frontal (expressão) e à delimitação das áreas de linguagem, mais extensa do que se supunha anteriormente. As imagens de TC e RM do cérebro de pacientes afásicos mostravam, frequentemente, que os lobos temporal e frontal estão envolvidos tanto na compreensão quanto na produção e que, as áreas envolvidas na fala incluem regiões do córtex frontal inferior esquerdo localizadas anteriormente à área de Broca, bem como grande parte do lobo temporal e parte do lobo parietal.

A visão atual da anatomia da linguagem privilegia o conceito de representação e não o de operação atribuída (compreensão *versus* expressão). O lobo temporal está envolvido no armazenamento e recuperação de representações de palavras. As representações fonológicas são armazenadas na porção central e posterior do primeiro giro temporal, que também inclui a área de Wernicke e o sulco temporal superior, enquanto a informação semântica é distribuída nas demais partes do giro temporal médio esquerdo e inferior. Na compreensão da linguagem, os processos de unificação dos componentes fonológico, semântico e sintático operariam em paralelo. Os processos que combinam e integram informações fonológicas, semântico-lexicais e sintáticas recrutam áreas frontais do cérebro, incluindo o giro frontal inferior que inclui a área de Broca. Os processos de unificação semântica ocorreriam na área BA 47 e BA 45, os de unificação sintática na área BA 45 e BA 44 e os de unificação fonológica em BA 44 e em parte de BA 46.

De acordo com esse modelo, a ordem de ativação das representações fonológicas, lexicais, semânticas e sintáticas não é estritamente sequencial: a velocidade de compreensão da linguagem não parece de fato compatível com processos estritamente *bottom-up* (primeiro os sons, depois os fonemas, as unidades lexicais, as relações semânticas e finalmente as estruturas sintáticas para a compreensão). É mais provável que, na compreensão da linguagem, as representações fonológicas, lexicais e semânticas sejam ativadas quase que simultaneamente, entrando em ressonância com o fluxo de estímulos auditivos e com o que é previsível e esperado, com base em estímulos imediatamente precedentes e associações aprendidas.

Nesse esquema, o estímulo auditivo ativará não apenas a representação fonológica correspondente (e em menor grau as de fonemas semelhantes), mas também uma série de representações lexicais e semânticas que, por meio de mecanismos *top-down*, selecionarão a forma fonológica mais correta. De forma similar para as interações entre informações sintáticas e semânticas: depois de um artigo, espero um substantivo ou um adjetivo, não um verbo. Além disso, substantivo e adjetivo devem estar corretos em gênero e em número (singular ou plural). Portanto, o processamento sintático precede e condiciona o semântico, segundo um modelo preditivo em que o cérebro utiliza as informações aprendidas para prever o que vai acontecer, verificando constantemente a precisão das previsões.

As conexões entre as diferentes partes do cérebro tornam-se então, de fundamental importância, é o chamado *conectoma*, um sistema muito mais complexo do que o imaginado no esquema de Wernicke-Lichtheim-Geschwind.

Uma contribuição fundamental para definir o conectoma da linguagem deriva dos estudos de Marco Catani (professor de Neuroanatomia

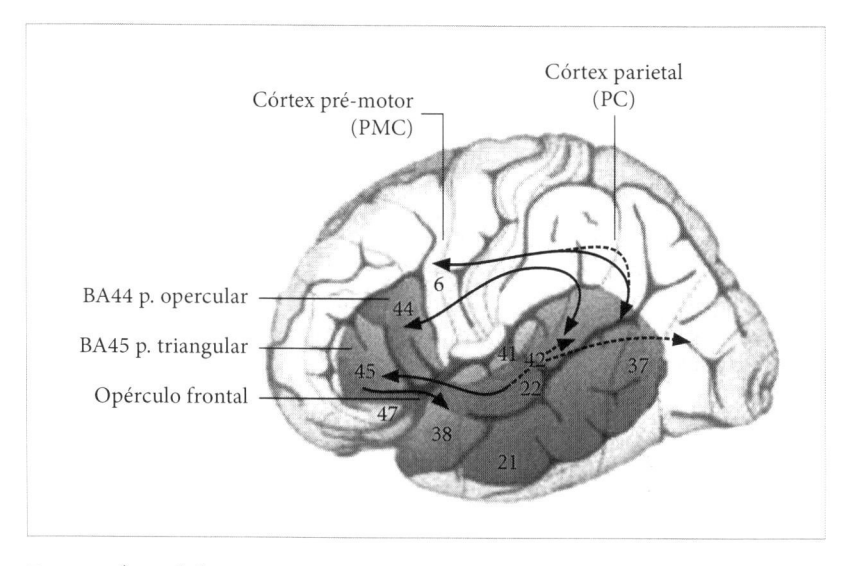

Fig. 4.4. Áreas de linguagem e conexões relacionadas.

Fonte: Figura reformulada por FRIEDERICI, Angela D.; GIERHAN, Sara M., The language network, *Current Opinion in Neurobiology*, v. 23, n. 2 (2013), 250-254.

no King's College London) e Angela Friederici (diretora do Instituto Max Planck de Neurociência Cognitiva, em Leipzig). No diagrama mostrado na figura 4.4 (FRIEDERICI, 2012) podem ser percebidos dois grupos de fibras: as dorsais e as ventrais. O *feixe arqueado* (FA) pertence ao grupo das fibras dorsais, que conecta diretamente a área de Broca em sentido estrito (BA 44) com a área de Wernicke (parte posterior e média do primeiro giro temporal)[10] e o *fascículo longitudinal superior* (FLS) que conecta o giro temporal médio e a parte mais posterior do giro temporal superior com o córtex pré-motor dorsal através do córtex parietal. O feixe arqueado medeia os aspectos mais complexos do processamento sintático (e fornece previsões *top-down* para filtrar as informações recebidas),

---

10. De acordo com alguns estudos (GLASSER; RILLING, 2008), no feixe arqueado existe um segmento léxico-semântico que conecta o giro temporal médio com o giro frontal inferior, e um segmento fonológico que conecta o giro temporal superior com o giro frontal inferior.

enquanto o fascículo longitudinal superior, presente no nascimento, está envolvido no acoplamento auditivo-motor e, portanto, na repetição e preparação da linguagem.

Às vias frontais pertencem o *fascículo uncinado* (FU), que conecta a parte mais anterior do primeiro giro temporal com a parte anteroinferior do córtex frontal, e o *fascículo fronto-occipital inferior* (FIFO), também chamado de sistema de cápsula extrema que conecta o córtex frontal (em particular BA 45, a *pars triangularis* da área de Broca) com as regiões posteriores do cérebro (áreas associativas occipital, temporal e parietal). Em geral, as vias ventrais estão envolvidas no processamento semântico e semântico-lexical. No entanto, é principalmente o FIFO, que coleta informações das áreas associativas das diferentes modalidades sensoriais, a ser questionado para a compreensão das palavras, enquanto o fascículo uncinado também está envolvido — e talvez, acima de tudo — na construção da estrutura local da frase (por exemplo, que um artigo deve ser seguido por um substantivo ou um adjetivo).

A importância das conexões entre as regiões cerebrais envolvidas na linguagem não pode ser subestimada. Já se tornou prática comum, nos centros de neurocirurgia mais avançados, que a remoção de um tumor adjacente às áreas da fala seja precedida por um estudo pré-operatório dos cortes das muitas fibras que as conectam. Através de um método chamado neuronavegação, as referências anatômicas das conexões são projetadas no campo operatório, possibilitando a remoção radical do tumor que respeite, o máximo possível, a função linguística.

12. Além das palavras

A linguagem é, no entanto, muito mais do que a capacidade de reconhecer e produzir palavras isoladas. A capacidade de combinar palavras de maneiras sempre novas é uma de suas principais características, alcançada por meio de uma interação dinâmica entre a área de Broca, as regiões inferiores do lobo frontal esquerdo e o córtex temporal esquerdo. Somos capazes de produzir e compreender, sem esforço, de duas a cinco palavras por segundo. Isso é feito por meio do "princípio do imediatismo" (HAGOORT, 2019): as informações linguísticas e extralinguísticas são utilizadas imediatamente, logo que estejam disponíveis. Conhecimentos relativos ao contexto, gestos, expressões emocionais, informações sobre o interlocutor são imediatamente transmitidos para o mesmo rapidíssimo sistema, que combina o significado das palavras. É sempre a parte inferior do lobo frontal esquerdo que, interagindo com o córtex temporoparietal, integra as várias fontes de informação que permitem interpretar uma expressão verbal. Em tudo isso, a *previsão* desempenha um papel muito importante. Sinais lexicais, semânticos e sintáticos, juntamente com informações extralinguísticas, convergem na previsão da próxima palavra. Um desacoplamento entre o que foi previsto pelos mecanismos *top-down* e o resultado da análise *bottom-up* determina uma resposta imediata do cérebro, que recruta recursos adicionais de atenção para recuperar a interpretação correta.

Uma descrição completa das habilidades linguísticas envolve uma definição de operações que não se limita aos aspectos essenciais, mas inclui também os "de contorno", o que amplia muito as áreas cerebrais envolvidas. O papel-chave é sempre atribuído ao córtex frontal inferior esquerdo e suas interações com o córtex temporoparietal. Mas, quando se torna necessário integrar o conteúdo de frases conectadas entre si, surgem ativações que também dizem respeito ao giro frontal inferior e ao giro angular direito (MENENTI et al., 2009).

Superado o modelo clássico (que atribuía a compreensão às regiões posteriores e a produção verbal às anteriores), a adoção de uma abordagem neurolinguística não permite que as diferentes fases do processamento da linguagem sejam reconduzidas a módulos anatomicamente distintos. Os elementos da arquitetura funcional (léxico, semântica e sintaxe) encontram, cada um, uma correspondência na atividade coordenada das regiões distantes umas das outras. Qual é, então, a real especialização funcional das regiões cerebrais individuais?

Uma resposta poderia vir de uma mudança de paradigma nos estudos de imagem funcional. Até agora, o objetivo era identificar as áreas ativadas por uma determinada tarefa e tentar assim definir a contribuição das diferentes partes do cérebro para o desempenho de uma função definida *a priori*, com base em uma classificação derivada dos modelos da psicologia cognitiva. É uma forma "frenológica" de proceder, pois se baseia em categorias pré-estabelecidas (que diferem das "faculdades" que os frenologistas tentaram localizar, medindo as protuberâncias do crânio, apenas pelo fato de ter estudos científicos e não vagas intuições por trás deles). No entanto, nada garante que as redes de neurônios diferenciem as categorias cognitivas como fazemos nós (por exemplo, que elas distingam compreensão de produção ou semântica de sintaxe). O acúmulo de dados de estudos de *neuroimagem* funcional mostra que as mesmas áreas são ativadas para tarefas aparentemente diferentes e, portanto, ao conseguir identificar o elemento comum a todas as ativações, pode-se reconstruir um mapa mais realista da especialização funcional das diferentes áreas cerebrais. Muito precisa ser feito antes que possamos chegar a mapas cerebrais desse tipo, mas não é um programa impossível.

Tome-se como exemplo a área de Broca e, em particular, a área 44: já vimos que sua atividade não se limita à produção da linguagem, mas envolve também a compreensão (em particular, das estruturas sintáticas). Outros estudos mostraram que a mesma área está envolvida na audição de música por músicos (PATEL, 2003), na categorização de artefatos, quando os sujeitos são solicitados a imaginar ações com objetos manipuláveis ou a colocar na sequência correta ações executadas pelo homem (por exemplo: pegar uma garrafa), mas não eventos físicos não dependentes de uma ação (por exemplo: uma bicicleta caindo). Propôs-se, portanto, que a área de Broca, pode ser uma área que codifica estruturas hierárquicas independentemente de seu uso em ação, na linguagem ou na música (FADIGA; CRAIGHERO; D'AUSILIO, 2009).

Resta entender quais são as características que tornam possível essa atividade supramodal, quais regras sintáticas são geneticamente determinadas e formam a base da linguagem humana e se as habilidades sintáticas podem crescer com a experiência. O caminho para novos modelos de funções linguísticas que integrem conhecimentos de fisiologia comparativa e dados de neuroimagem funcional, também provenientes de tarefas não linguísticas, parece hoje muito promissor.

5. Quantos tipos de memória? As histórias de Anne, Henry, Giorgio, Jon e Luísa

1. Uma piada iluminadora

Estamos no início do século XX. No hospital psiquiátrico de Bel-Air, em Genebra, Édouard Claparède, neurologista e psicólogo suíço, estudava um "caso interessante". Era Anne (decidi chamá-la assim), uma mulher de 47 anos, com síndrome de Korsakoff. Não sabemos muito sobre essa pessoa. Naquela época, em hospitais psiquiátricos, havia pacientes com graves problemas de memória associados à deficiência de vitamina B1 induzida pelo alcoolismo crônico. O quadro clínico resultante foi descrito pelo neuropsiquiatra russo Sergej Sergeevič Korsakoff, daí o nome da doença, agora mais rara.

Anne vivia naquele hospital há cinco anos, mas não reconhecia os médicos e enfermeiras e se esquecia o que lhe havia sido dito de um minuto para o outro. Não sabia dizer a data ou sua idade, mas conhecia as capitais europeias e sabia fazer cálculos. Certo dia, o dr. Claparède contou-lhe a história de uma senhora de 64 anos que foi mordida por uma cobra enquanto levava seu gado para o pasto. No dia seguinte, ele perguntou se ela se lembrava de alguma coisa da história. Anne não se lembrava de nada, nem de ter encontrado o médico no dia anterior e de que lhe tivesse sido contada uma história, mas quando Claparède começou a repetir a história da mulher e da cobra disse: "Foi uma mulher de 64 anos?" e ao médico, que lhe perguntara como esse detalhe lhe veio à mente, ela respondeu: "Não sei, é uma ideia que me veio à cabeça".

Claparède visitou Anne várias vezes, mas cada vez que a encontrava tinha que se apresentar, pois ela não o reconhecia. Ele estendia a mão para ela e ela a apertava em resposta. Após repetir esse ritual pela enésima vez, Claparède, para investigar se as emoções poderiam superar a barreira da amnésia, pensou em uma variação do tema, aliás pouco apropriada no contexto de uma relação médico-paciente normal. Ele escondeu uma tachinha entre os dedos da mão direita antes de estendê-la para cumprimentá-la. Sentindo a picada, Anne rapidamente retirou a mão e Claparède se desculpou. A partir de então, Anne não quis mais apertar a mão de Claparède, quando Claparède a estendia para ela. "Por que você não aperta minha mão?" perguntou Claparède. "Eu sei que uma dama deveria estender a mão em resposta a um cavalheiro que quer cumprimentá-la, mas — não sei por que — tenho medo de fazê-lo". Assim, Anne aprendera um reflexo condicionado (retirar a mão quando o médico a estendeu) sem se lembrar por que o fazia: esse tipo de memória não era afetado pela amnésia.

Impressionado com esse episódio, o dr. Claparède estudou Anne com os métodos disponíveis da psicologia experimental naqueles anos, usando o teste de aprendizagem de uma lista de palavras. Esse teste, idealizado por Ebbinghaus no final do século XIX, avalia o número de repetições necessárias para que uma lista de palavras seja lembrada corretamente. Ebbinghaus mostrou que, se normalmente são necessárias cinco repetições para aprender uma lista de dez palavras, duas ou três são suficientes no dia seguinte. Mas o que acontece com uma pessoa amnésica, que de um dia para o outro nem se lembra de já ter feito aquele exame?

Anne, na primeira sessão, precisou de cinco repetições para lembrar uma lista de sete palavras, mas no dia seguinte ela só precisou de duas e no terceiro dia ela conseguiu lembrar na primeira apresentação (NICOLAS, 1996). Claparède nunca publicou em detalhes os resultados de todos os testes que aplicou a Anne, mas o episódio da alfinetada e os dados do teste de Ebbinghaus mostraram que, mesmo em um caso de amnésia muito grave, era possível encontrar indícios indiretos de algum tipo de aprendizado. No entanto, teria sido necessário esperar mais algumas dezenas de anos e o resultado de uma cirurgia infeliz para que fossem feitos progressos significativos.

2. A história de H. M.

Henry Molaison foi submetido a uma intervenção cirúrgica. Este era o verdadeiro nome do sr. H. M., o paciente mais conhecido e estudado de toda a história da neurologia. Henry Molaison morreu em 2 de dezembro de 2008: ele nasceu no Brooklyn, 82 anos antes. Sua notoriedade deve-se ao fato de ter perdido a memória logo após uma cirurgia a que fora submetido com a idade de 27 anos.

Mas, vamos prosseguir na ordem. Henry morava em Hartford, Connecticut. O pai era eletricista. Ele tinha 7 anos e voltava para casa no final da tarde de 3 de julho de 1933, quando, atravessando uma estrada em declive, que margeia o parque com o nome de Samuel Colt (o inventor da pistola de mesmo nome), foi atropelado por uma bicicleta. Henry caiu e bateu a cabeça violentamente na calçada. O que exatamente aconteceu em seu cérebro não sabemos, mas podemos imaginar: o cérebro foi jogado dentro da caixa craniana, um número desconhecido de axônios se rompeu, grupos de neurônios juntos abriram seus canais iônicos e as sinapses liberaram seus neurotransmissores. Por cinco minutos o cérebro continuou a controlar as principais funções vitais, mas Henry permaneceu inconsciente. Então, tudo parecia normal novamente. Quando ele chegou em casa, um curativo foi aplicado em seu olho esquerdo. No dia seguinte (4 de julho nos Estados Unidos é o dia da independência nacional), seus amigos, vendo-o nessa situação, com um curativo, quiseram fazê-lo confessar que havia brincado com fogos de artifício.

Henry se sentia bem. Aparentemente, a queda do dia anterior não havia deixado vestígios, mas depois de três anos ele começou a sofrer ataques epiléticos: permanecia com os olhos bem abertos e por alguns segundos não respondia. Aos 15 anos, no dia do seu aniversário, no carro, com os pais, teve outro tipo de crise, com convulsões e perda de consciência prolongada. A conexão entre esse trauma acidental e as convulsões é provável, mas também pode ter tido um peso a circunstância de três primos do lado paterno sofrerem de epilepsia. O fato é que as convulsões continuaram. Henry foi forçado a abandonar o ensino médio porque seus colegas zombavam dele, mas, após um intervalo de dois anos, ele se matriculou em um ensino médio com curso prático, que envolvia uma carga mínima de matemática. Graduou-se aos 21 anos. Ele gostava de espingardas, caça e patins. Começou a trabalhar, primeiro como operário de linha de montagem e depois como operário especializado, mas devido às crises cada vez mais frequentes teve que deixar o emprego: apesar da terapia com drogas pesadas, todos os dias tinha cerca de dez crises menores e, uma vez por semana tinha, em média, uma crise convulsiva.

A frequência e intensidade das crises o levaram a considerar a possibilidade de se submeter a uma intervenção cirúrgica. O uso da cirurgia para tratar a epilepsia era então (e ainda é) excepcional. Foi Hughlings Jackson que levantou a hipótese de que a epilepsia era o resultado de uma irritação do córtex cerebral e propôs remover o foco irritativo para curá-la.

A primeira intervenção cirúrgica, como cura para a epilepsia, foi realizada em 1886 por Victor Horsley em um paciente que, aos 15 anos, havia sofrido um traumatismo craniano com fratura deprimida da caixa craniana e uma lesão cerebral que lhe causava crises motoras focais na forma de choques, afetando, nessa ordem, a perna, o braço, a mão e a face do lado oposto à fratura. Durante a cirurgia, Horsley removeu uma cicatriz cortical na fratura, causando o desaparecimento das convulsões. Em 1928, Wilder Penfield, o verdadeiro pioneiro da cirurgia de epilepsia, realizou pela primeira vez uma grande remoção de uma cicatriz cortical do lobo temporal em um paciente que apresentava até 20 crises por dia. A intervenção foi bem-sucedida. O número de convulsões foi reduzido consideravelmente, até desaparecer quase completamente quando uma droga antiepiléptica foi combinada.

Naqueles anos, nem o eletroencefalograma (EEG) nem qualquer tipo de visualização neurorradiológica do cérebro estava disponível. Por esta razão, as intervenções cirúrgicas foram, por muito tempo, reservadas para pacientes com tumores que afetassem a área motora ou para pessoas em que um trauma houvesse causado uma cicatriz cortical. As coisas mudaram a partir de 1945, quando, com o uso crescente do EEG, cresceu a importância atribuída ao papel das porções mais profundas do lobo temporal na origem das crises psicomotoras e foram propostas intervenções de ablação dessas estruturas.

Henry Molaison agora vivia confinado em sua casa, com medo de que uma crise repentina pudesse provocar-lhe circunstâncias desastrosas. Seu médico, Harvey Goddard, decidiu ouvir a opinião de William Beecher Scoville, um neurocirurgião que, na época, era mais conhecido pela psicocirurgia em pacientes psiquiátricos.

A psicocirurgia é uma página sombria na história da medicina. As intervenções cirúrgicas eram realizadas com grande facilidade e poucos controles. Scoville havia removido, apenas de um lado, a parte medial do lobo temporal em dois pacientes psicóticos e epilépticos e, após a cirurgia, havia notado uma clara redução das convulsões. Com base nisto, ele propôs a Henry e seus pais que fosse realizada uma cirurgia semelhante. Scoville certamente conhecia os estudos publicados, em 1939, por Henry Kluver e Paul Bucy sobre o resultado da ablação do córtex temporal medial em macacos e em particular do caso de Aurora, um macaco fêmea muito agressivo que a cirurgia havia tornado sereno, mas também bulímico, incapaz de reconhecer objetos e experimentar reações normais de medo e raiva. O EEG de Henry, realizado em 17 de agosto de 1953, mostrava atividade irritativa generalizada. Não havia nenhum surto epileptogênico a ser atacado cirurgicamente. No entanto, o dr. Scoville aconselhou a prosseguir com a cirurgia.

Luke Dittrich, neto de Scoville, em um livro sobre a história de H. M.[1], relata no capítulo 23 uma curiosa anedota que ajuda a entender algo da personalidade e atitudes profissionais de seu avô. Diz respeito a um encontro que Scoville teve com Enzo Ferrari em 1958, quando decidiu comprar um carro esportivo. Naquela época, Enzo Ferrari supervisionava pessoalmente a venda dos carros que produzia e só os vendia se acreditasse que o comprador fosse capaz de dirigi-los. Scoville, que estava na Europa para um congresso, foi a Maranello e fez um *test drive* ao lado

---

1. DITTRICH, Luke, *Patient H. M.: A story of memory, madness, and family secrets*, New York, Random House, 2017.

de Enzo Ferrari. Ele dirigiu por cerca de meia hora na pista ao lado da fábrica, e foi um passeio emocionante. No final, Enzo Ferrari, um pouco pálido, mas com voz firme, disse-lhe: "Caro dr. Scoville, sinto muito, mas não posso lhe vender este carro. Se eu fizesse isso, dentro de um ano o senhor estaria no outro mundo e eu me sentiria responsável". Scoville comprou um Mercedes.

Henry Molaison foi submetido à cirurgia em 25 de agosto de 1953. Scoville removeu parte dos ossos cranianos para poder acessar o lobo temporal direito. Ele registrou a atividade elétrica do córtex cerebral: não havia atividade anormal no lobo temporal e na amígdala direita. Mas, infelizmente, Scoville não desanimou e decidiu prosseguir assim mesmo: removeu os cinco centímetros mais anteriores do lobo temporal à direita e à esquerda. O resultado foi uma clara redução nas crises epilépticas, mas também um déficit de memória muito grave.

Scoville discutiu o caso de H. M. e o de uma paciente psicótica submetida ao mesmo tipo de cirurgia, em um congresso da *Harvey Cushing Society*, em 1953, e soube logo depois que Milner e Penfield haviam documentado um déficit semelhante em dois pacientes submetidos à lobectomia temporal esquerda, mas que apresentavam lesões do lobo temporal direito não suspeitadas antes da intervenção. Scoville compreendeu a importância de sua observação para a compreensão dos mecanismos da memória humana e convidou Penfield e Milner a examinar o sr. Molaison. Em 1957, William Scoville e Brenda Milner publicaram o caso de H. M., juntamente com o de nove pacientes esquizofrênicos submetidos a três tipos diferentes de ablações do lobo temporal, mostrando que a gravidade do déficit de memória dependia da extensão da ressecção bilateral do hipocampo e do córtex para-hipocampal. A inteligência não foi comprometida pela intervenção. Desde então, a comunidade de neurocirurgiões se tornou ciente do papel crucial, para a memória, da parte medial do lobo temporal. A figura 5.1 mostra as regiões do cérebro que Scoville removeu de Henry.

Logo ficou claro que, não apenas o QI de Henry (o índice que mede a inteligência) não havia diminuído após a cirurgia, mas que nem toda a memória havia sido afetada. Determinar o que foi comprometido e o que foi preservado na memória de Henry podia ser uma forma de enten-

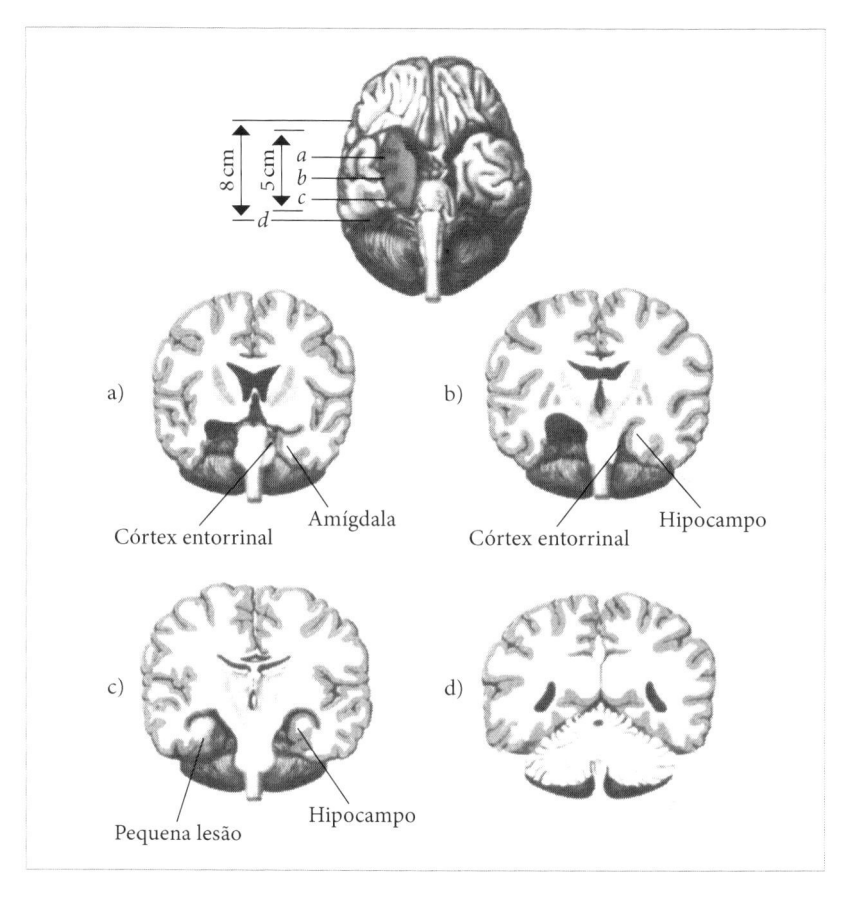

Fig. 5.1. Região do cérebro removida em H. M., segundo a reconstrução realizada por David Amaral. A remoção foi bilateral. Para permitir uma comparação com a anatomia normal, apenas a lesão do hemisfério direito é mostrada aqui.

Fonte: Figura modificada por GAZZANIGA, Michael S.; IVRY, Richard B.; MANGUN, George R. *Cognitive Neuroscience. The Biology of the Mind*, New York, W. W. Norton and CO, ⁵2019.

der como funciona a memória humana. Nos anos posteriores, esse foi o objetivo dos estudos de Brenda Milner e sua aluna Suzanne Corkin.

A dra. Milner muitas vezes viajou de Montreal para Hartford. Ela pegava o trem noturno e passava alguns dias com Henry Molaison, tentando entender as características de sua amnésia. Toda vez que ela voltava, ficava surpresa que Henry não a reconhecesse. Para ele, ela permanecia sempre uma estranha. Um dia, informalmente, ela pediu que ele se lembrasse dos números cinco, oito e quatro. Ela saiu da sala e voltou depois de cerca de vinte minutos, e lhe perguntou se ele se recordava deles:

"Cinco, oito, quatro", disse Henry.
"Muito bom. Como você se lembrou deles?"
"É simples. Cinco mais oito mais quatro é igual a dezessete. Dividindo por dois, tem-se oito, restam nove, ou seja, cinco e quatro. Portanto. Cinco, oito, quatro".
"Você sabe meu nome?" Perguntou então a dra. Milner.
"Não", disse Henry, desculpando-se.
"Sou a dra. Milner, sou de Montreal".
Por alguns minutos eles conversaram sobre o Canadá.
"Agora" disse a dra. Milner, "você pode me dizer os números que eu havia lhe pedido para lembrar?"
"Que números?" Henry perguntou, "havia algum número?"
"Você pode me dizer meu nome agora?", tentou novamente a dra. Milner.
"Não, me desculpe".

Henry Molaison tinha conseguido se lembrar dos números por cerca de vinte minutos porque ele os repetia mentalmente, somando e dividindo, mas bastou direcionar sua atenção para outra coisa para que se esquecesse não apenas os números, mas também o fato de que lhe havia sido solicitado a se lembrar deles (MILNER, 2005).

Henry relatava não se sentir confuso. Em cada momento tudo estava claro para ele, mas era sempre como se acabasse de acordar de um sonho. Um sonho que, se não for imediatamente lembrado, é rapidamente esquecido. A memória imediata era normal para os números, para as palavras e também para as informações espaciais (Henry era capaz de lembrar, sem dificuldade, a posição de uma série de cinco a seis cubos sobre uma pequena tábua de madeira). Estudos experimentais precisos mostraram que esse tipo de memória (memória de curto prazo) não dura mais de 30 a 40 segundos.

Seria possível, portanto, argumentar que a função do hipocampo, do córtex para-hipocampal e da amígdala (as áreas do cérebro removidas pelo dr. Scoville) fosse aquela de consolidar os rastros de memória ou permitir a passagem de informações de um armazenamento de curto prazo para um armazenamento de longo prazo?

Na realidade, as coisas não eram tão simples. Outro aspecto da amnésia de Henry Molaison era a presença de um grave déficit retrógrado que havia apagado suas memórias do tempo que passou no hospital, antes da cirurgia. Ele não se lembrava nem mesmo da morte de um tio, de quem gostava particularmente, cujo desaparecimento remontava a três anos antes. As memórias do passado também estavam comprometidas, em particular as mais recentes, de forma não homogênea, mas por uma extensão temporal não inferior a três anos. Deveríamos, portanto, ter pensado que o processo de consolidação dos vestígios das memórias continuaria por um período tão longo?

A dra. Milner apresentou a Henry vários testes de memória verbal: listas de palavras, associações entre pares de palavras, histórias curtas. Nada se fixava em sua memória por mais de 30 a 40 segundos. Mas, era verdade que Henry não conseguia aprender nada? Ela então examinou a memória espacial, utilizando uma espécie de labirinto. No teste, a pessoa se depara com uma matriz 10x10, de botões de metal. Alguns destes botões, tocados por uma ponta de metal, produzem um som irritante. É preciso encontrar o caminho que conduz do botão de início ao botão de término, evitando os botões que produzem o som. Aprende-se por tentativa e erro. Normalmente se pode aprender o caminho certo com menos de 20 tentativas. Henry não teve sucesso, mesmo após 215 testes distribuídos por três dias consecutivos. O problema, portanto, não dizia respeito apenas ao material verbal, mas também às relações espaciais.

Um resultado aparentemente discordante foi obtido com o teste de desenho especular. Milner presenteou Henry com uma estrela desenhada com um duplo contorno. O teste exigia traçar a estrela permanecendo dentro do contorno duplo, mas precisava ser feito olhando a estrela em um espelho (ver a figura 5.2). A tarefa é muito difícil no começo, mas aos poucos se aprende o procedimento correto, ou seja, se aprende a direcionar o movimento da caneta na direção oposta à vista no espelho e, consequentemente, tanto os erros quanto o tempo de execução diminuem. Henry provou ser capaz de aprender esta e outras habilidades visuoespaciais tão rapidamente quanto qualquer outra pessoa. Ele também

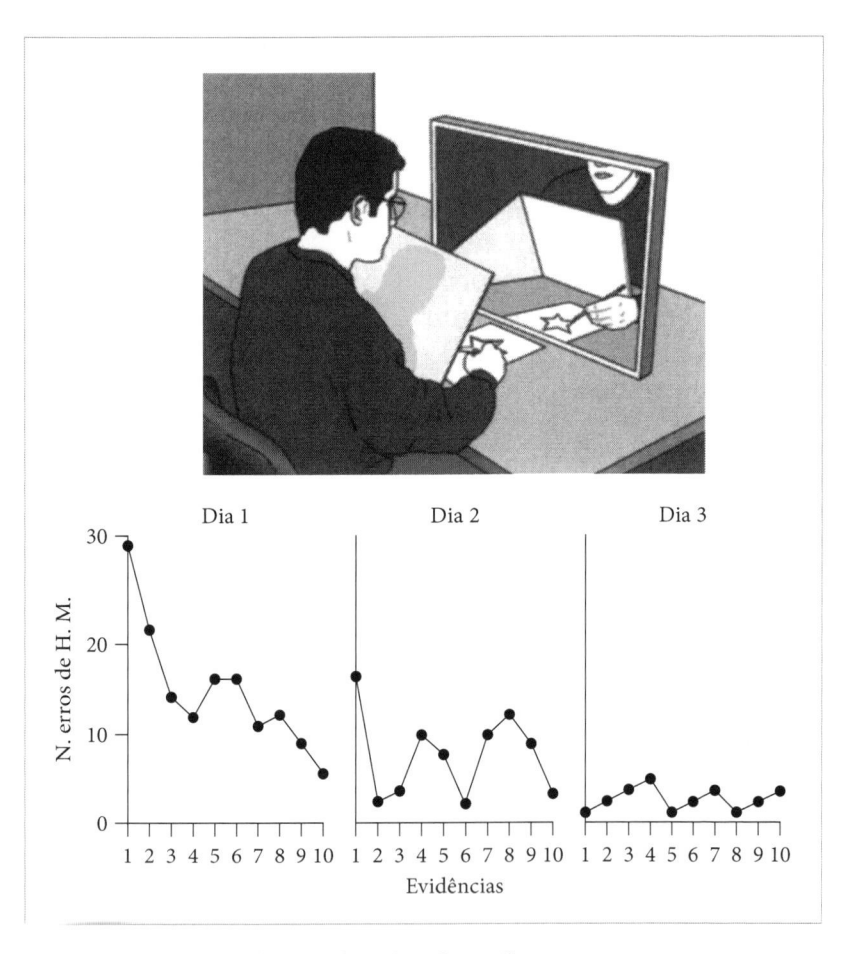

Fig. 5.2. Aprendizagem de H. M. do padrão do espelho.

Fonte: Figura adaptada de KALAT, James W., *Psicologia Biológica 12E*, Boston, Cengage, 2015.

foi capaz de manter o que aprendeu ao longo do tempo, mesmo que não lembrasse, da noite para o dia, que já havia realizado o teste. Além da memória de curto prazo — aquela que havia permitido a Henry recordar os números graças à sua repetição contínua — existia, portanto, outro tipo de memória intacta: a *memória procedural*.

3. Giorgio e o aprendizado inconsciente

Cerca de vinte anos depois, examinei um paciente com amnésia que tinha características semelhantes às do sr. Molaison (NICHELLI et al., 1988). Foi o caso de Giorgio, um operário, que, justamente no dia do seu trigésimo quinto aniversário, foi encontrado pela esposa, às 11 horas da manhã, ainda dormindo em sua cama. Despertado, sentou-se na cadeira e cochilou novamente. Ele parecia apático, respondia em monossílabos. Imediatamente levado ao hospital da cidade onde morava, os médicos perceberam que Giorgio respirava de forma autônoma e que, além da sonolência, seu exame neurológico era negativo: não apresentava falta de força, sensibilidade ou coordenação. A primeira tomografia computadorizada cerebral, realizada na admissão, foi negativa. No dia seguinte estava alerta, mas desorientado: não sabia dizer a data e o ano, não se lembrava de ser casado (15 anos antes) nem do trabalho que fazia há três anos. Dizia ter 16 anos e que estava cursando uma faculdade técnica. No entanto, quando sua esposa e alguns de seus colegas de trabalho vieram vê-lo, ele os chamou pelo nome. Uma segunda TC mostrou uma isquemia que afetou bilateralmente o tálamo, estrutura formada por núcleos que recebem informações do tronco encefálico e as distribuem para o córtex cerebral, amígdala e núcleos da base.

Visitei Giorgio dois meses e meio após o AVC. O déficit de memória para os eventos anteriores ao acidente vascular cerebral foi significativamente reduzido: ele se lembrava de seu trabalho e de seu casamento, embora fosse impreciso ao relatar os eventos da vida pública italiana nos últimos cinco anos. Seu déficit de aprendizado a longo prazo permaneceu gravíssimo. Com um exame de ressonância magnética do cérebro conseguimos estabelecer a localização da lesão responsável pela amnésia de Giorgio, que envolveu bilateralmente os tratos mamilo-talâmicos e os núcleos dorsomediais do tálamo, que se conectam com o hipocampo e a amígdala, as estruturas que foram removidas para controlar as crises epilépticas de Henry. O diagrama de conexão é mostrado na figura 5.3.

Para Giorgio, assim como para Henry, a memória de curto prazo era normal e sua memória de procedimento era também normal, o que foi estudado com o mesmo teste de desenho especular usado por Milner.

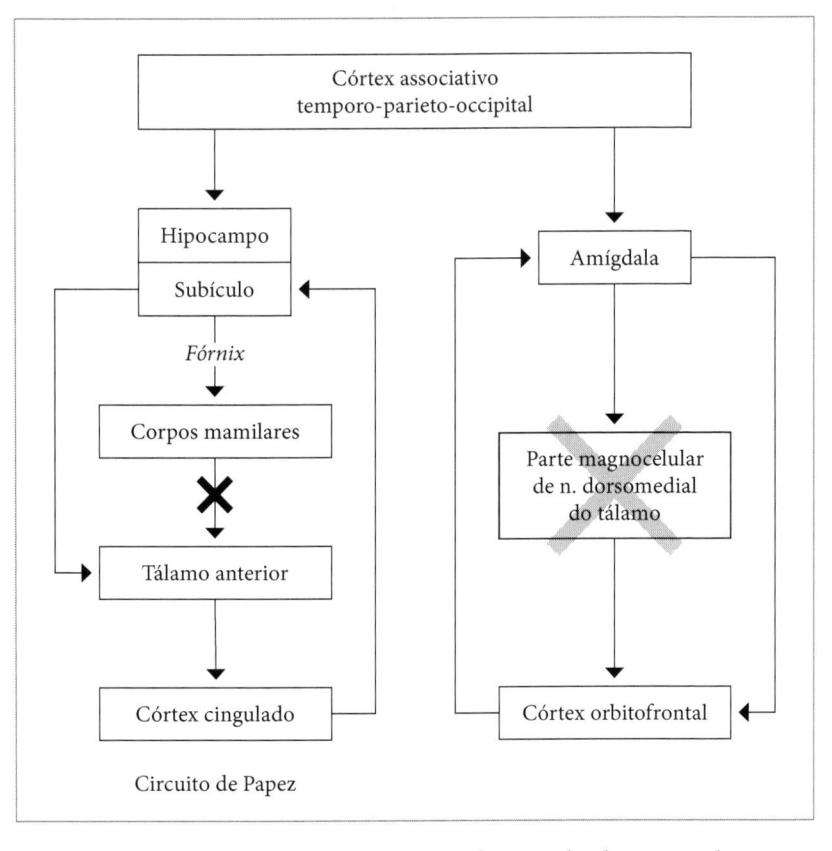

```
                    ┌─────────────────────────────┐
                    │   Córtex associativo        │
                    │ temporo-parieto-occipital   │
                    └─────────────────────────────┘
                         │                │
                         ▼                ▼
                   ┌──────────┐     ┌──────────┐
                   │ Hipocampo│     │ Amígdala │◄──┐
                   ├──────────┤     └──────────┘   │
              ┌───►│ Subículo │◄┐        │         │
              │    └──────────┘ │        ▼         │
              │      Fórnix     │   ┌──────────────┤
              │        ▼        │   │Parte magnoc. │
              │ ┌────────────┐  │   │de n. dorsom. │
              │ │Corpos mami-│  │   │  do tálamo   │
              │ │   lares    │  │   └──────────────┘
              │ └────────────┘  │        │
              │        ▼        │        ▼
              │ ┌────────────┐  │   ┌──────────────┐
              └─│Tálamo ant. │  └───│Córtex orbito-│
                └────────────┘      │   frontal    │
                       ▼            └──────────────┘
                ┌────────────┐
                │Córtex cing.│
                └────────────┘
              Circuito de Papez
```

Fig. 5.3. Diagrama dos circuitos de memória que foram quebrados no caso de Giorgio.

Com ele, tentei ver se era possível fazê-lo aprender alguma coisa, usando uma modalidade que não exigisse coordenação visomotora. Apresentei-lhe, uma de cada vez, uma lista de palavras escritas em itálico, como se fossem vistas no espelho.

Por exemplo:

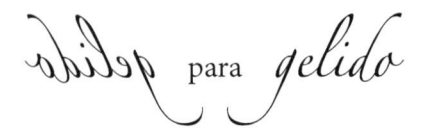

obiləg para *gelido*

Como se pode notar, a leitura no espelho não é nada fácil nem imediata, mas com um pouco de prática se torna progressivamente mais rápida: também isto é um aprendizado procedural. Eu esperava que o Giorgio fosse bem nessa prova, mas queria verificar se, além de aprender a ler no espelho, ele seria capaz de aprender uma lista de palavras. Se eu apresentasse a lista e lhe pedisse para que ele pudesse se lembrar dela, ele não se lembrava nem mesmo de que eu a havia lido para ele. Tampouco foi capaz de fazer melhor do que isto em um teste de reconhecimento, no qual precisava distinguir, em uma lista de palavras, aquelas que lhe haviam sido mostradas 30 minutos antes. Apresentei-lhe então, em sequência, listas de 20 palavras-espelho, entre as quais 10 eram repetidas todas as vezes, enquanto as outras eram sempre novas. A partir da melhora do tempo de leitura do grupo de palavras novas, obtive o aprendizado procedural; da eventual diferença entre a melhora da leitura das palavras repetidas e a das novas palavras, poderia ter obtido a demonstração de uma eventual *memória implícita* (de uma aprendizagem da qual Giorgio não tinha conhecimento).

Apresentei-lhe cinco testes de leitura espelhada de 20 palavras (10 novas e 10 repetidas), por três dias consecutivos e, em seguida, após uma e três semanas. Os resultados foram muito claros: não só Giorgio conseguiu aprender a ler no espelho, como qualquer pessoa de sua idade, mas mostrou também uma melhora muito clara nos tempos de leitura das palavras que ele já havia visto. Isso conflitava com sua incapacidade de lembrar dia a dia (e às vezes até de sessão em sessão, no mesmo dia) a tarefa que ele tinha que realizar.

Tratava-se, no entanto, de um tipo particular de aprendizagem: uma aprendizagem "rígida", que não conseguiu se beneficiar da correção de erros. Um exemplo desse aspecto particular está, justamente, na leitura espelhada da palavra "gelado". Na primeira vez que lhe foi apresentada, Giorgio leu "detapo". Apontei-lhe o erro, expliquei-lhe que não havia sequências de letras sem sentido nas palavras a serem lidas e o orientei a encontrar o termo correto. Seguiram-se, àquela sessão experimental, outras quatro apresentações e, nas sessões subsequentes, cinco apresentações por dia da mesma palavra (para um total de vinte e cinco). Em todas as ocasiões a palavra "gelado" foi lida como "detapo" e só mais tarde, com o mesmo esforço da primeira vez, foi dada a resposta correta.

Observações semelhantes foram relatadas para Henry e outros pacientes gravemente amnésicos, por meio de diferentes métodos. Além da memória procedural, nos casos de amnésia como a de Henry e Giorgio, outro tipo de *memória implícita* poderia assim estar intacta, aquela baseada no *priming* (o fenômeno psicológico pelo qual a apresentação de um estímulo influencia a resposta a estímulos subsequentes).

Definimos memória implícita aquele tipo de memória na qual a consciência não está envolvida, na verdade muitas vezes dificultando, ao invés de facilitar, a recuperação da informação. É graças a ela que, por exemplo, podemos ativar as sequências motoras necessárias para dirigir o carro. Para Henry e Giorgio, em vez disto, o problema dizia respeito à *memória declarativa*, aquela que exige um esforço ativo e consciente para recuperar informações. Mas, nesta última, há ainda uma outra distinção: há os eventos, os episódios, que lembramos como ligados a um tempo e a um lugar (*memória episódica*), e há muitas coisas que sabemos, mesmo que não recordemos como e quando as aprendemos (*memória semântica*). É o nosso conhecimento do mundo, do significado das palavras, dos conceitos e noções que aprendemos: um tipo de memória que não tem conotações espaço-temporais (todos sabemos que Cristóvão Colombo descobriu a América, mesmo que não nos lembremos quando e onde soubemos disto). Não havia dúvida de que a amnésia de Henry e George dissesse respeito à memória episódica. Estava relacionada também com a memória semântica?

Logo ficou evidente que as noções que Henry aprendera antes da cirurgia (*memória semântica retrógrada*) foram substancialmente poupadas, tanto que, após a operação, um de seus passatempos favoritos era resolver palavras cruzadas. Foi mais difícil estabelecer se, após a intervenção cirúrgica, a memória para as palavras e noções aprendidas havia sido preservada. O mesmo se podia dizer em relação a Giorgio.

John Gabrieli, Neal Cohen e Suzanne Corkin (GABRIELI; COHEN; CORKIN, 1988) mostraram que Henry tinha um conhecimento muito superficial de palavras e nomes de pessoas famosas que surgiram após 1953 (o ano de sua intervenção), em comparação com seus contemporâneos. Por exemplo, ele tinha uma ideia de quem eram os astronautas e o que significava viajar no espaço e sabia que uma pessoa chamada Kennedy havia sido assassinada, mas seu conhecimento desse fato e desses conceitos era muito aproximado.

Seria então possível levantar a hipótese de que os traços da memória semântica são formados a partir das estruturas da memória episódica, que — repetidamente evocadas — perdem suas referências temporo-espaciais? Os casos de amnésia do desenvolvimento descritos por Faraneh Vargha-Khadem parecem demonstrar o contrário. São crianças que, em decorrência do sofrimento isquêmico neonatal, apresentam atrofia bilateral do hipocampo. Neurônios na região CA1 do hipocampo são particularmente sensíveis ao dano hipóxico-isquêmico. Isso resulta em déficits graves de memória episódica ao longo da vida adulta. Por outro lado, permanece intacta a capacidade de formar traços de memória semântica, que se generalizam a partir dos eventos únicos dos quais não se recordam.

4. Jon e Luísa e as memórias de suas vidas

Elward e Vargha-Khadem (2018) relatam uma anedota sobre Jon, um rapaz de 23 anos, nascido prematuro e abaixo do peso, que havia começado a apresentar problemas de memória aos 5 anos. Não se tratava de uma amnésia grave como a de Henry ou a de Giorgio, mas ainda assim com déficits significativos. Jon, às vezes, tinha dificuldade de encontrar o caminho, esquecia onde havia deixado seus pertences e negligenciava compromissos se alguém não o lembrasse. Sua amnésia dificultava viver por conta própria e impossibilitou-o de encontrar e manter um emprego. Jon frequentemente ia ao laboratório de Vargha-Khadem. Ele já conhecia bem o caminho. Tendo chegado na parada da linha metropolitana, próxima ao instituto, devia pegar um elevador para sair da estação. Um dia, devido a uma falha no elevador, teve que subir a pé, do nível do túnel subterrâneo até o da rua, usando uma escada com 171 degraus (o equivalente a 14 andares de uma casa). Chegando ao laboratório, não se lembrava da avaria do elevador e do fato de ter tido que usar a escada. À pergunta: "Como você pode ter certeza de que pegou o elevador?" Jon respondeu: "Eu sempre pego o elevador". Como Jon podia ter tanta certeza de que sempre pegava o elevador se não tinha memória episódica de ter feito isso? Se Jon não se lembrava dos eventos de sua vida no momento em que estes ocorreram, como ele poderia aprender o que era típico para ele ("Eu sempre pego o elevador")?

É necessário, portanto, pensar que os eventos criam diferentes traços em nosso cérebro, sem e com o envolvimento do hipocampo, e que somente estes últimos são os que permitem a memória episódica. Outra demonstração da relativa independência dos circuitos que garantem a memória episódica e semântica vem dos casos em que esta é comprometida, mas é preservada a memória episódica autobiográfica.

Foi o que aconteceu com dona Luísa (o nome é fictício), uma mulher de 44 anos, secretária de uma escola, que tive a oportunidade de estudar em 1985, com Ennio De Renzi e Mario Liotti. Luísa, três meses antes, havia sofrido uma forma de encefalite da qual, na época, não pudemos determinar a origem. A ressonância magnética mostrou que a doença havia afetado a parte anterior e inferior do lobo temporal esquerdo, envolvendo a amígdala, o uncus, o hipocampo, o giro para-hipocampal e a parte anterior do giro fusiforme. À direita, havia um mínimo envolvimento da substância branca da parte inferior do lobo temporal. Quando a visitamos, notamos que Luísa falava fluentemente, construindo suas frases corretamente, mas que de vez em quando ela congelava, como se lhe faltasse a palavra. Muito raramente substituía uma palavra por outra: podia, por exemplo, dizer "mesa" em vez de "cadeira". Suas dificuldades foram imediatamente evidentes quando lhe foi mostrado um objeto (ou sua fotografia) e solicitado a ela que o nomeasse. Nesse caso, ela congelava e não sabia o que dizer. Às vezes, era capaz de mostrar como teria utilizado o objeto (por exemplo, fazia o gesto de parafusar se lhe mostrassem uma chave de fenda) ou descrevia seu uso de forma resumida, mas, em alguns casos, mesmo os instrumentos comumente usados não evocavam nenhuma resposta. A mesma dificuldade foi observada quando se pedia a ela para dizer o nome de um objeto, a partir de sua descrição (por exemplo, "diga-me o nome do que é preciso para enfiar um prego em um pedaço de madeira"). Além disso, quando lhe era pedido para explicar o significado de uma palavra, muitas vezes dava respostas absurdas (por exemplo: "limão: é usado por quem estuda ou vai à escola", ou "violino: eu sei, é usado para colorir o vidro").

Seu comportamento, diante desses testes, nos havia deixado perplexos: uma dificuldade de nomeação geralmente é devida a um déficit no acesso ao léxico (anomia) ou, mais raramente, a um déficit de reconhecimento (agnosia). Mas, os anômicos não têm dificuldade em mostrar ou descrever o uso do objeto que não podem nomear e os agnósicos não têm dificuldade em explicar o significado das palavras. Aqui, o que faltava era o acesso consciente às noções relativas ao significado das palavras, ou seja, a memória semântica.

Uma série de testes nos permitiu entender melhor a natureza do problema. Luísa não tinha dificuldade nos testes linguísticos: lia bem e rapidamente as palavras regulares, as palavras irregulares (por exemplo, glicerina[2]) e as pseudopalavras[3] (por exemplo, trilibelmo). Lendo, colocava corretamente o acento nas palavras e não tinha dificuldade em compreender estruturas complexas ou em reconhecer erros gramaticais e sintáticos. Um comprometimento severo aparecia, entretanto, em todos os testes em que ela devia acessar explicitamente o significado de uma palavra, ou recuperar as características de um objeto, dado seu lema[4]. Por exemplo, se lhe perguntassem "O que é um elefante?", respondia: "É um animal; bastante pequeno, eu diria", e à pergunta: "a berinjela e a cereja têm a mesma cor?", respondia: "Sim, ambas são verdes". O mesmo problema dizia respeito ao conhecimento de pessoas famosas ou eventos históricos. Luísa não se lembrava de quem eram Mussolini, Stalin, Hitler e Gaddafi. Às vezes, diante de uma foto, conseguia dizer se era um ator, um cantor ou um político, mas via de regra, não chegava a identificar o personagem.

No dia a dia, Luísa não tinha problemas para digitar no computador, dirigir o carro e ligar a máquina de lavar, mas tinha dificuldade para fazer compras e cozinhar, porque não se lembrava dos ingredientes, da sequência com que deviam ser usados e não sabia reconhecê-los. Luísa também

---

2. O dígrafo "gl" na língua italiana quase sempre tem o som do nosso "lh", contudo, há algumas palavras em italiano em que a pronúncia se mantém como o nosso "gl", como é aqui o caso de "glicerina". (N. do R.)

3. "Pseudopalavras" são palavras que apresentam uma sequência de caracteres que compõem uma palavra pronunciável, mas sem um significado preciso. Essas palavras são utilizadas para testar a habilidade da pronúncia, por exemplo, em crianças. (N. do R.)

4. Aqui "lema" indica o verbete de um dicionário ou vocabulário, seguido de seu leque de significados. (N. do E.)

não se saia bem nos testes de memória verbal episódica (por exemplo, ela não conseguia repetir as informações contidas em uma breve estória e não conseguia aprender uma lista de 10 palavras, mesmo após 20 repetições). No entanto, apesar das dificuldades com pessoas famosas ou eventos noticiosos, era capaz de recuperar da memória remota eventos de sua vida e eventos públicos com os quais havia estabelecido um vínculo com eventos pessoais. Por exemplo, relembrava o "desastre de Chernobyl" (26 de abril de 1986: a poluição atmosférica na sequência da falha de uma usina nuclear na Ucrânia), ligando-o ao fato de que, por algumas semanas, não tinha podido comprar vegetais (a venda fora proibida pelo governo da época).

Um episódio nos mostrou claramente que Luísa não só tinha uma boa memória autobiográfica retrógrada (isto é, a dos eventos anteriores ao início da doença), mas que também era boa aquela anterógrada (ou seja, o aprendizado de novos episódios que a envolveram pessoalmente). Num domingo, Luísa encontrou Anna num corredor do hospital, a psicóloga que a examinou e com quem passou muitas horas. Anna não usava o jaleco e estava acompanhada de seu filho de 4 anos. Anna a cumprimentou, mas Luísa não a reconheceu imediatamente: foi necessário que Anna explicasse quem ela era. Depois disso, pararam um pouco para conversar. No dia seguinte, quando Luísa e Anna se encontraram novamente, ela se lembrava perfeitamente do encontro que acontecera no dia anterior e do conteúdo do que haviam dito.

Concluindo, as dificuldades de Luísa diziam respeito ao conhecimento do significado das palavras, dos fatos, das pessoas famosas, dos atributos das palavras e dos objetos (ou seja, memória semântica). A aprendizagem do material verbal e visual também foi prejudicada, mas era difícil estabelecer se isso se deveu a um déficit adicional ou se não foi consequência da impossibilidade de codificar adequadamente o material a ser aprendido devido ao comprometimento da memória semântica. De fato, sabe-se que a memória de longo prazo de palavras ou frases depende diretamente da profundidade do processamento semântico do material: a memória não funciona como um gravador passivo, mas construindo associações entre os conceitos a serem aprendidos. Para isto, usa a memória semântica que faltava em Luísa.

O quadro clínico apresentado por Luísa tem como achado mais comum uma doença neurodegenerativa conhecida como variante semântica da afasia progressiva primária. A doença havia sido descrita em três pacientes por Elizabeth Warrington, em 1975. As estruturas anatômicas envolvidas foram especificadas por Maria Luisa Gorno-Tempini (GORNO-TEMPINI et al., 2004) e coincidem, em grande parte, com aquelas que foram danificadas pela encefalite de Luísa.

Um dos aspectos mais intrigantes dos distúrbios da memória semântica é o fato de que estes podem afetar seletivamente certas categorias de objetos e poupar outros (por exemplo: os animais, mas não os utensílios ou vice-versa). Isso poderia ser atribuído ao peso diferente que os sistemas sensoriais e motores têm na construção da representação semântica de diferentes categorias (por exemplo: para os animais, especialmente visuais; para os objetos, táteis e motoras) ou então, para as diferentes histórias evolutivas que possuem algumas categorias (seres vivos animados, seres vivos inanimados, coespecíficos e utensílios).

5. O que sabemos sobre a memória

Uma série de observações clínicas como estas, combinadas com os resultados de estudos de ressonância magnética funcional, nos permitem ter uma visão mais clara da organização da memória no ser humano.

A sede estável das recordações e do conhecimento é o córtex associativo, ou seja, aquela parte da camada mais externa do cérebro que não recebe informações diretamente dos canais sensoriais e não envia impulsos aos centros motores. Mas, para que as recordações relacionadas aos episódios de nossa vida se formem e se consolidem, é necessária a participação do hipocampo. A rede de conexões que define os traços mnésicos é formada no hipocampo e no córtex associativo. O hipocampo consolida as informações depositadas no córtex associativo e permanece decisivo para sua conotação temporal e espacial.

Os traços cerebrais de um evento são tanto mais fortes e duradouros quanto mais importante é o valor emocional que o acompanha. A amígdala, um núcleo do tamanho de uma amêndoa, localizado anteriormente ao hipocampo, fortalece as conexões associadas a eventos emocionalmente significativos. Portanto, é suficiente que uma pequena lesão, como a do acidente vascular cerebral de Giorgio, desconecte o hipocampo e a amígdala do córtex associativo para determinar um grave déficit de aprendizado a longo prazo.

O estudo de pacientes com lesões cerebrais limitadas ou com doenças neurodegenerativas tem nos ensinado que a memória não é uma função unitária. Existem vários tipos de memória. Uma primeira distinção é entre *memória de curto prazo* e *memória de longo prazo*. Para ambas, temos uma memória *verbal* e uma memória *visuoespacial*. Na memória de longo prazo distinguimos a *memória declarativa* (*episódica* e *semântica*) e a *memória implícita* (*procedural, priming, reflexos condicionados*) e devemos imaginar que diferentes circuitos são acionados para registrar os traços e recuperá-los, quando necessário.

Nem tudo está claro, mas, começamos a entender muito bem os mecanismos biológicos fundamentais que estão na base da memória de curto prazo e da memória de longo prazo. Já em 1949, Donald Hebb havia formulado o princípio fundamental da aprendizagem associativa, que pode ser resumido na fórmula "What fires together, wires together" ["O que dispara junto, se conecta"] ou "Se a descarga de um neurônio contribui repetidamente para a descarga de outro neurônio, a eficácia do primeiro em excitar o segundo aumenta com o tempo". Estudos experimentais na *Aplysia californica* permitiram confirmar este mecanismo e demonstrar sua base biológica. *Aplysia californica* é um molusco marinho, uma espécie de lesma grande (pode ter até meio metro de comprimento), encontrada no Pacífico Norte. Possui um repertório comportamental e um sistema nervoso relativamente simples, mas caracterizado por grandes neurônios que se prestam a investigações particularmente precisas. Por esses estudos, em 2000, Eric Kandel ganhou o Prêmio Nobel de Medicina. Graças à *Aplysia*, Kandel descobriu que a memória depende de mudanças nas sinapses: a memória de curto prazo está ligada ao reforço das sinapses existentes, a de longo prazo requer a formação de novas sinapses.

Ambos os mecanismos podem estar ativos em todos os diferentes tipos de memória que revisamos: na memória implícita assim como na memória declarativa, para a memória verbal e para a memória visuoespacial. Mas, se a memória de curto e longo prazo utilizasse os mesmos circuitos neurais e diferisse entre si, apenas pelos diferentes mecanismos sinápticos, (fortalecimento das sinapses existentes em um caso, criação de novas sinapses no outro), esperaríamos que todos aqueles que têm déficit de memória de curto prazo não poderiam deixar de ter déficit de longo prazo para o mesmo tipo de material. Este não é o caso. De fato, além de termos pessoas com déficit de memória de curto prazo verbal, mas não espacial, e outras que tem déficit de memória espacial, mas não verbal, há pessoas que têm um déficit de memória de curto prazo (avaliado, por exemplo, pela capacidade de repetir uma série de dígitos ou palavras), mas, são capazes de aprender e de lembrar uma lista de palavras muito mais longa daquela que são capazes de repetir imediatamente. Essa dissociação é possível porque o aprendizado de longo prazo de uma lista de palavras requer uma codificação semântica do material (lembro-me da lista de compras porque sei o que quero comprar), enquanto a memória de curto prazo (repetição imediata de uma lista de palavras aleatórias) requer codificação fonológica. Por esse motivo, pacientes com déficit de memória verbal de curto prazo "isolado" (com boa memória verbal de longo prazo), apresentam sérias dificuldades em aprender uma nova língua ou uma lista de pseudopalavras.

 Tudo o que foi dito acima, refere-se aos mecanismos de registro da memória ou, das memórias e, no que diz respeito à amnésia, aos *déficits anterógrados*, que são mais fáceis de estudar e documentar. Se surgir amnésia, como para Henry ou Giorgio, após um evento súbito (cirurgia, acidente vascular cerebral ou trauma), todos os déficits de memória relativos a episódios, conhecimentos ou procedimentos subsequentes a ele são anterógrados. Mas os amnésicos também têm dificuldade em recuperar informações anteriores, que certamente foram registradas e aprendidas. São estes os *déficits retrógrados*, que permitem estudar os mecanismos de consolidação e recuperação dos traços mnésicos. Uma pessoa que sofreu uma lesão na cabeça após um acidente de trânsito, muitas vezes não se lembra de nada sobre o acidente e o que fez nos minutos ou horas imediatamente anteriores. Giorgio, nas primeiras semanas após o AVC, não se lembrava de ter se casado 15 anos antes. Dependendo do tipo de memória envolvida, os déficits retrógrados podem se estender de alguns minutos a muitos anos. Como isso pode acontecer?

As informações registradas no córtex cerebral são inicialmente integradas pelo complexo hipocampo-estruturas mediais do lobo temporal (I-MLT)[5] e pelas estruturas a ele ligadas (corpos mamilares, tálamo anterior e dorsomedial). A principal função do hipocampo é a de criar mapas espaciais que coloquem os objetos em um contexto independente do observador (alocêntrico) e de atribuir a estes um rótulo temporal. Isso cria a base para as representações dos episódios autobiográficos que, por definição, são sempre inseridos em um contexto espacial e temporal. Os estudos de neuroimagem funcional têm demonstrado que a lateralização dos traços das recordações autobiográficas varia em relação às características individuais, mas também de acordo com seu valor emocional (CABEZA; ST. JACQUES, 2007).

Podemos, portanto, imaginar os correlatos cerebrais dos episódios de nossa vida como redes intrincadas, que incorporam neurônios do córtex cerebral e do complexo hipocampo-estruturas temporomediais. Cada vez que evocamos uma recordação do passado, as redes (ou traços) que a representam são reativadas, mas, ao mesmo tempo, um novo traço é formado, mediado pelo complexo hipocampo-estruturas temporomediais. As recordações mais antigas são, portanto, caracterizadas por mais traços e por traços mais distribuídos e é por isso que as recordações antigas são geralmente melhor lembradas do que as recentes. A extensão temporal e a gravidade do déficit retrógrado da memória autobiográfica dependem, portanto, da gravidade do dano no hipocampo.

A memória semântica, por outro lado, dependeria da contribuição do complexo I-MTL por um período de tempo limitado, após o qual poderia ser baseada apenas em redes corticais. Os mapas cognitivos de ambientes familiares podem ser considerados os equivalentes espaciais da memória semântica: eles também seriam mediados por estruturas corticais extra-hipocampais. Basicamente, a intervenção do hipocampo no processo de recuperação de traços mnésicos poderia ser limitada a me-

---

5. O complexo I-MLT inclui o hipocampo propriamente dito, o giro denteado, o subículo, as regiões rinal, peririnal, entorrinal, para-hipocampal e amígdala.

mórias vívidas e ricas de particularidades. Episódios individuais, quando perdem os detalhes e resta apenas a essência do evento, poderiam se tornar dependentes apenas de redes corticais. O rastro de um evento no hipocampo pode ser considerado como o indicador das representações corticais, onde os detalhes da experiência são depositados: é, portanto, a ativação do hipocampo que permite a recuperação do episódio com todos as suas especificidades.

A arquitetura que descrevi explica bem os dados obtidos de estudos clínicos e aqueles obtidos de estudos de ressonância magnética funcional (MOSCOVITCH et al., 2006). Nosso sistema nervoso não é um registrador passivo do que acontece, nem é um registrador preciso de nossas experiências. A recuperação de um evento corresponde à reativação da rede neural que o representa e, enquanto isso acontece, o traço se transforma em relação ao contexto em que a recuperação ocorre. Com o tempo, as recordações perdem detalhes. Estudar esse processo e o curso temporal da consolidação dos traços, nos ajudaria não só a compreender melhor o funcionamento da memória, mas também a estabelecer de forma mais sólida as bases científicas da psicoterapia.

6. Emoções, decisões e caráter

1. A verdadeira história de Gage

Em 13 de setembro de 1848, às 16h30, perto de Cavendish, no estado norte-americano de Vermont, ouviu-se o som de uma violenta explosão, seguida de um grito. Um grupo de trabalhadores estava escavando o terreno, preparando-o para receber os trilhos de uma ferrovia que ligaria o estado de Vermont ao estado de Nova York. Phineas Gage, um capataz de 25 anos, encontrava-se no chão, com o rosto ensanguentado. Usando um ferro afiado, ele estava colocando o pó explosivo e o estopim em um buraco de uma rocha. Ele deveria ter coberto o explosivo com areia ou argila para direcionar a força da explosão para a rocha. Mas não havia feito isso ainda. Sua atenção fora atraída para um trabalhador atrás dele. Ele havia se virado e, quando ia dizer alguma coisa, o ferro, uma espécie de dardo de cerca de um metro de comprimento e pouco mais de três centímetros de diâmetro, roçando na rocha, havia provocado uma faísca e feito explodir a pólvora. O dardo, arremessado violentamente para cima, entrara em sua mandíbula esquerda, cruzara a órbita e caíra no chão, manchado de sangue, a 25 metros de distância[1].

---

1. A história de Phineas Gage é detalhada no livro de MACMILLAN, Malcolm, *An Odd Kind of Fame: Stories of Phineas Gage*, Cambridge, MIT Press, 2000.

Gage foi imediatamente socorrido. Após uma breve convulsão, foi capaz de falar e caminhar e, com a ajuda de um colega de trabalho, chegou a pé a uma carroça puxada por bois, que o levou até o hotel onde estava hospedado, a pouco mais de um quilômetro de distância. Meia hora após o acidente, o dr. Edward Williams o encontrou sentado em uma cadeira do lado de fora do hotel. Estava consciente e até encontrou forças para brincar: "Tem bastante trabalho aqui para o senhor", disse ele. Enquanto o médico examinava o ferimento, Phineas explicava aos presentes o que havia acontecido com ele. Williams, a princípio, pensou que ele estivesse brincando. Então Phineas se levantou da cadeira e vomitou. Ao fazer isso, um pouco de massa cerebral saiu da ferida aberta no crânio e caiu no chão. "Como meia xícara de chá", indicou com precisão Williams. Era demais até para ele. Ele não se sentia preparado para enfrentar um caso como esse. Decidiu ligar para o dr. John Martyn Harlow, um médico de 31 anos que morava nas proximidades. Harlow chegou às 18h e Gage ainda estava alerta. Ele reconheceu Harlow e disse que esperava não ter sido gravemente atingido. A cama em que estava deitado era uma poça de sangue. Ele estava exausto.

Com a ajuda de Williams, Harlow raspou a região da cabeça de onde saiu o ferro, removeu o sangue coagulado, pequenos fragmentos de osso e "pouco mais de uma onça" (cerca de 30 gramas) de material cerebral. Por fim, após recolocar dois fragmentos maiores, enfaixou as feridas, deixando um dreno e cobrindo a cabeça com uma espécie de touca. Naquela noite, antes de deixar Gage, Harlow observou: "Lucidez. Agitação incessante das pernas, que ele flexiona e estende continuamente... diz que estará de volta ao trabalho em poucos dias". As coisas não foram assim.

Na manhã seguinte, Gage conseguiu reconhecer sua mãe e um tio, que chegaram de uma pequena cidade distante cerca de 50 quilômetros, mas no segundo dia "perdeu o controle da mente e parecia muito delirante". O que aconteceu nos dias seguintes parece incrível se considerarmos a ausência de antibióticos (a penicilina começou a ser usada apenas cem anos depois) e, de forma mais geral, os meios da medicina naquela época. Gage ficou em um estado semicomatoso por 2 a 3 semanas. Era quase impossível alimentá-lo. A ferida infeccionou. Harlow fez uma incisão. Encontrou um abscesso cerebral, do qual extraiu cerca de 250 mililitros de secreções purulentas fétidas. Os amigos esperavam a sua morte a qualquer momento. Em vez disso, no vigésimo quarto dia, Gage conseguiu sair da cama e pegar uma cadeira. Depois de um mês, ele conseguiu subir e descer as escadas e contornar a casa até chegar à praça da vila.

Ele tinha apenas um desejo: voltar para casa, para sua família. Os amigos não conseguiam mantê-lo quieto. No início de novembro, em uma semana em que o dr. Harlow esteve ausente, ele saiu sem casaco, com botas leves. Ele se molhou e voltou para casa com febre alta. Mas, em poucos dias, ele superou esse episódio também e, algumas semanas depois, Harlow observou que "ele havia se recuperado e era capaz de se movimentar pela casa". Neste ponto, "se ele tivesse se mantido sob controle, teria progredido no caminho da recuperação".

Assim aconteceu. Em 25 de novembro (10 semanas após o acidente), Gage voltou para os seus, em Lebanon, no estado de New Hampshire. Aqui ele continuou a melhorar: em fevereiro era capaz de alimentar o gado e cuidar dos cavalos e, no final de maio, lavrou os campos durante meio dia, suportando bem o cansaço. Ele havia melhorado, mas, observou Harlow, seus companheiros e amigos o acharam mudado. Ele não era mais a mesma pessoa. Antes do acidente ele era um trabalhador esforçado, uma pessoa responsável, uma referência natural para os trabalhadores que estavam sob sua supervisão. Os empregadores o consideravam o capataz mais eficiente e capaz de sua empresa. Aos olhos deles sua memória estava normal e, no entanto, eles sentiam que as alterações em seu comportamento eram tão marcantes que não lhe permitiam retomar o trabalho que fazia antes. Ele estava agitado, irreverente, muitas vezes se entregando à vulgaridade e blasfêmias (o que nunca havia acontecido antes do acidente). Ele não tinha respeito por seus companheiros, não queria ser contrariado e não aceitava conselhos que entrassem em conflito com seus desejos. Ele parecia teimoso, mas ao mesmo tempo temperamental e errático. Fazia planos para o futuro, mas nunca os começava ou imediatamente os abandonava para empreender outros que pareciam mais fáceis de realizar. Em suma, bem ao contrário do homem que, antes do acidente, embora não tivesse formação acadêmica, era considerado equilibrado, astuto, enérgico, determinado a completar o que planejava.

O que sabemos do caráter de Gage vem das anotações de Harlow, que — influenciado pela frenologia — o atribuía à lesão cerebral que sofrera.

Não sabemos, em particular, por quanto tempo essas mudanças radicais de caráter permaneceram inalteradas. A história de Gage e seu comportamento, nos primeiros meses após o acidente, entraram nos livros e nas aulas de psicologia para introduzir as funções do lobo frontal, mas sua vida posterior testemunha sobretudo uma recuperação extraordinária, que envolveu sua capacidade de adaptação às novas condições causados pelos traumas.

De 1849 a 1852, Gage sobreviveu contando aos curiosos sobre o acidente que sofrera e se apresentando no *Barnum's American Museum* em Nova York e nas principais cidades de New Hampshire e Vermont. Tinha sempre consigo o ferro em forma de dardo, que ainda hoje encontra-se exposto no *Warren Anatomical Museum* da Universidade de Harvard. Quando voltava para casa, divertia os netos contando aventuras fantasiosas nas quais, por um fio, havia escapado dos perigos.

Durante um ano e meio, ele trabalhou para o dono de um estábulo e de um serviço de transporte puxado por cavalos. Em seguida, aceitou um emprego no Chile como cocheiro na rota Valparaíso-Santiago. Lá, um dia de trabalho durava 13 horas. Levantava-se cedo, preparava e alimentava os cavalos, percorria 160 quilômetros em estradas ruins, em regiões atravessadas pelos movimentos revolucionários, em um país do qual não conhecia a língua. Permaneceu no Chile por oito anos, demonstrando desenvoltura e adaptabilidade que contrastavam com o desajuste social e a impulsividade que caracterizaram os primeiros anos após o acidente.

Em meados de 1859, Gage começou a se sentir mal. Voltou para os Estados Unidos, para a Califórnia, para onde, neste meio tempo, a mãe e a irmã tinham se mudado. Ele estava fraco, magro. Assim que pôde, conseguiu um emprego com um fazendeiro em Santa Clara (uma cidade a, aproximadamente, oitenta quilômetros de San Francisco, onde sua mãe morava). Mas logo depois, em fevereiro de 1860, começou a sofrer convulsões. Ele perdeu o emprego e não conseguiu mais encontrar uma ocupação estável. Em 18 de maio do mesmo ano, mudou-se para San Francisco e dois dias depois entrou em um "estado epiléptico", condição na qual as convulsões duram mais de 20 minutos ou se sucedem, causando danos cerebrais irreversíveis. Ele morreu em 20 de maio de 1860 em San Francisco, onde foi enterrado. Muitos anos depois, Harlow pediu à irmã para exumar o cadáver com objetivo de recuperar o crânio e a barra de ferro, para apresentá-los à Sociedade de História da Medicina de Massachusetts e depositá-los no museu da Faculdade de Medicina de Harvard. A relação entre o local do trauma de Gage e as alterações de seu comportamento esteve na origem de diferentes interpretações, influenciadas pela evolução do conhecimento sobre as funções do lobo frontal. Ainda hoje, o lobo frontal é, em grande parte, *terra desconhecida*: sabemos onde está, mas sabemos apenas de modo aproximado o que fazem as diferentes partes que o compõem. Os estudos mais recentes e precisos (THIEBAUT DE SCHOTTEN et al., 2015; VAN HORN et al., 2012) mostraram que a lesão envolvia o córtex orbitofrontal, o córtex pré-frontal dorsolateral e o córtex do polo temporal, mas enfatizaram sobretudo as conexões prejudicadas entre as regiões cerebrais[2].

Trata-se dos circuitos envolvidos no processamento das emoções e nos processos de tomada de decisão. A lesão era anterior às áreas e conexões responsáveis pela fala e limitava-se apenas ao hemisfério esquerdo. As áreas e conexões homólogas no hemisfério direito poderiam, portanto, ter compensado ao longo do tempo os distúrbios comportamentais detectados no primeiro período após o acidente

2. A verdadeira história de Elliot

Uma lesão circunscrita do cérebro, em particular uma lesão do lobo frontal, é capaz de modificar aspectos relacionados ao comportamento e à personalidade, mesmo na ausência de déficits cognitivos evidentes, e de forma tão seletiva a ponto de nos fazer pensar que estivéssemos à frente de um dissimulado. Esse era o caso de Elliot, um homem de 35 anos que, em 1975, após um breve período de distúrbios visuais e mudanças de personalidade, foi diagnosticado com um tumor cerebral. Era um volumoso meningioma orbitofrontal, um tumor benigno que, para ser

---

2. Em particular: o fascículo uncinado (que conecta a região temporal anterior, incluindo o córtex entorrinal e a amígdala, com o córtex frontal medial), as redes intralobares frontais (que conectam suas diferentes regiões do córtex frontal) e a rede fronto-estriatal-tálamo-frontal.

removido, o cirurgião precisou ressecar todo o córtex orbitário direito e grande parte do esquerdo (ESLINGER; DAMÁSIO, 1985).

Elliot era o primeiro de cinco irmãos. Casado, com dois filhos. Depois de ter sido empregado e chefe de pessoal, ele havia se tornado auditor de uma construtora. Seus irmãos o admiravam e o consideravam um líder natural, mas após a cirurgia não puderam deixar de notar uma mudança repentina em sua personalidade. Quando, após uma convalescença de três meses, retornou ao trabalho, Elliot iniciou uma parceria com um ex-colega, considerado pouco confiável e que havia sido demitido da empresa em que trabalhava. Apesar dos avisos de familiares e amigos, Elliot investiu todas as suas economias nessa parceria, mas o empreendimento fracassou e ele perdeu tudo. Depois disso, ele passou de um emprego para outro. Trabalhou como zelador de armazém, administrador de condomínio, contador de uma empresa de autopeças, mas foi sempre demitido depois de alguns meses. Os empregadores queixavam-se da sua desorganização e da lentidão com que enfrentava os problemas. Após 17 anos de casamento, sua vida amorosa também entrou em crise: sua esposa pediu o divórcio e Elliot mudou-se para a casa de seus pais.

Os problemas de trabalho continuaram. Elliot, contra o conselho dos parentes, casou-se novamente, mas depois de dois anos o segundo casamento também entrou em crise. De manhã, ele precisava de pelo menos duas horas para estar pronto para sair de casa. Ele costumava passar meio dia se barbeando, lavando e secando o cabelo. Qualquer decisão (escolher um restaurante, comprar qualquer coisa) o mantinha ocupado por horas, pesando características, preços e formas de pagamento. Ele não conseguia se separar de bens pessoais obsoletos e inúteis: plantas de casa secas, listas telefônicas velhas, ventiladores e televisores quebrados e pilhas de jornais velhos.

Seis anos após a cirurgia, ele visitou uma clínica psiquiátrica. Seu quociente de inteligência era 125, sua memória era 145 (o valor médio para pessoas saudáveis é 100). A conclusão foi que não havia "evidência de dano cerebral orgânico ou disfunção frontal" e que suas dificuldades decorriam de "problemas de ajuste emocional ou psicológico... que poderiam ser resolvidos com psicoterapia".

Após uma série de sessões de psicoterapia inúteis, Elliot foi encaminhado à clínica chefiada por António Damásio para uma avaliação neuropsicológica mais precisa. A pensão por invalidez lhe foi negada. Eles o consideravam um dissimulado. Somente a demonstração do nexo de causalidade entre a lesão cerebral e seu comportamento poderia reverter essa decisão.

Seu desempenho em todos os testes, incluindo aqueles particularmente sensíveis a danos no lobo frontal, foi normal. Elliot não tinha problemas para encontrar possíveis critérios de classificação para um grupo de cartas[3] ou fornecer respostas plausíveis para um teste de estimativas cognitivas[4]. Ele também respondia corretamente a perguntas que exigiam compreensão de situações sociais complexas, problemas econômicos, industriais e financeiros. No entanto, seu comportamento na vida cotidiana era caracterizado por descuido com as leis e as regras, impulsividade, incapacidade de assumir responsabilidades. Ele era indiferente aos sentimentos dos outros, como acontece no "transtorno de personalidade antissocial" ou "sociopatia". Qual foi a origem do transtorno de Elliot? Como explicar que, ao contrário dos sociopatas, ele fosse capaz de responder corretamente a problemas envolvendo julgamentos sociais abstratos e fosse tão inadequado na vida cotidiana? E, sobretudo, qual era a relação entre seu comportamento e a lesão cerebral pós-operatória?

3. A teoria dos marcadores somáticos

Damásio levantou a hipótese de que o cérebro continha o conhecimento dos fatos, habilidades e princípios que deveriam regular o comportamento e que estes eram utilizáveis a partir de um pedido verbal explícito, mas que, por algum motivo, na vida cotidiana, as solicitações capazes de ativá-los não chegavam a ele. A partir desta e de outras observações semelhantes, Damásio[5] desenvolveu a teoria que chamou de

---

3. O *Wisconsin Card Sorting Test*, o teste de classificação de cartas de Wisconsin.
4. Neste teste, é preciso responder a perguntas cuja resposta correta não deriva do conhecimento factual, mas de uma estimativa aproximada. Por exemplo: "Qual é o comprimento médio de um recém-nascido?". Pacientes com lesões frontais geralmente fornecem respostas bizarras a essas perguntas.
5. Um relato detalhado da teoria pode ser encontrado no livro de DAMÁSIO, António, *L'errore di Cartesio: emozione, ragione e cervello umano*, Milano, Adelphi, 1995. Trad.

"marcadores somáticos". Entretanto, antes de chegar a essa teoria, é preciso dar um passo atrás, a fim de refletir sobre a natureza das emoções do ponto de vista evolutivo e neurobiológico.

Quando pensamos em emoções, a introspecção nos diz que é algo pessoal, muito íntimo, muitas vezes oposto à razão. Na linguagem comum, as emoções são confundidas com sentimentos ou humores. Mas, coloquemo-nos em uma perspectiva diversa: para que servem as emoções? Imagine andar em uma floresta com alguns amigos. Com uma vara, você move um monte de folhas e vê algo que poderia ser uma cobra. Dá um passo para trás, as pupilas se dilatam, começa a suar, aumenta a frequência cardíaca. Você está se preparando para correr, para lutar pela sobrevivência. Também seus companheiros de viagem, olhando para a expressão em seu rosto, dão um passo para trás. Então você analisa melhor o que viu e percebe que era uma cobra inofensiva ou até mesmo um pedaço de galho caído de uma árvore. O medo então se revela pelo que é: nada mais que uma maneira de ativar uma resposta imediata, antes que o sistema perceptual tenha terminado seu trabalho. Ao mesmo tempo, as expressões faciais são o caminho, mais rápido do que qualquer discurso, para comunicar aos outros o que está acontecendo.

Além de tudo isto, existe a experiência subjetiva da emoção, neste caso o medo, que deriva da interpretação de todos os sinais que a provocam. William James, filósofo e psicólogo norte-americano da segunda metade do século XIX, diante da pergunta: "Nós fugimos porque temos medo ou temos medo porque fugimos?", inclinou-se pela segunda hipótese[6].

Também para Damásio, os sinais vindos do corpo eram cruciais para processar as emoções e, por meio delas, regular decisões e comportamentos. Para demonstrar isso, ele mediu o reflexo psicogalvânico[7]

---

bras.: *O erro de Descartes: emoção, razão e cérebro humano*, São Paulo, Companhia das Letras, 2012.

6. JAMES, William. *The Principles of Psychology*. O texto foi reimpresso em 1981 pela Harvard University Press com prefácio de George A. Moleiro.

7. O reflexo psicogalvânico é a variação da condutância elétrica resultante da ativação das glândulas sudoríparas que é acompanhada por estímulos emocionais ou ativação sensorial. Sua medição é feita passando uma corrente elétrica fraca através do corpo e registrando as mudanças na resistência elétrica. O aumento da sudorese provoca uma diminuição da resistência elétrica (= aumento da condutância).

naqueles que realizaram um teste que simulava processos de tomada de decisão. O teste (conhecido como *Iowa Gambling Task*) simula a situação de um jogo de azar. Os participantes recebem uma quantia em dinheiro e quatro baralhos, dois "bons" e dois "ruins". Cada baralho contém cartas que fazem ganhar e cartas que fazem perder: nos baralhos "bons" o pagamento é pequeno, mas a perda é menor, nos "ruins" o pagamento é alto, mas a perda é maior. Sujeitos saudáveis logo aprendem que é mais vantajoso orientar suas escolhas em baralhos "bons", menos arriscados, mas que permitem, a longo prazo, aumentar o capital inicial. Além disso, mesmo antes de descobrir quais são os dois baralhos desvantajosos, eles mostram um aumento no reflexo psicogalvânico, quando estão prestes a escolher um desses baralhos. Ao contrário, pessoas com lesões no córtex ventromedial não aprendem com os erros, insistem em escolhas mais arriscadas e não apresentam aumento do reflexo psicogalvânico antes da decisão (BECHARA et al., 1997). Falta-lhes aquele guia inconsciente (os marcadores somáticos) que dirige o comportamento dos sujeitos normais, antes que tenham alcançado o pleno conhecimento das vitórias e derrotas associadas a cada baralho. Elliot foi testado com este teste em várias ocasiões, mas nunca conseguiu aprender como resolvê-lo. Seu reflexo psicogalvânico não se modificava.

A teoria dos marcadores somáticos representa um modelo de como as emoções, por meio de sinais do corpo, podem contribuir para os mecanismos de tomada de decisão em situações complexas e incertas. Muitos neuropsicólogos tentaram documentar sua validade e identificar suas fraquezas. Está amplamente confirmado que algumas estruturas cerebrais envolvidas nas emoções (como o córtex ventromedial, a amígdala, a ínsula), também estão envolvidas nos mecanismos de tomada de decisão. No entanto, como isso acontece não é totalmente claro.

A hipótese de que os sinais provenientes do nosso sistema vegetativo influenciem inconscientemente as nossas decisões é contrariada pela observação de que pacientes com disautonomia[8] (*Pure Autonomic Failure*, PAF), uma doença neurodegenerativa que afeta o componente simpático do sistema nervoso autônomo (SNA), apresentam desempenho normal

---

8. Insuficiência Autonômica Pura. (N. da T.)

no *Iowa Gambling Task*. Em suma, não está claro se, e de que modo, os sinais provenientes da periferia do nosso corpo podem influenciar emoções e decisões e qual o papel que outros mecanismos psicológicos podem ter, como a tendência a adotar comportamentos de risco, a expectativa de gratificação ou punição, a memória de trabalho.

Além disso, embora Damásio enquadre Gage e Elliot como, ambos, portadores de "sociopatia adquirida", deve-se reconhecer que eles tinham manifestações comportamentais muito diferentes. Após o acidente, Gage tornou-se desinibido, impetuoso, desrespeitoso com as convenções sociais, mas retomou o trabalho mostrando adaptabilidade e espírito de iniciativa. Elliot, por outro lado, era incapaz de assumir responsabilidades, honrar compromissos, indiferente aos sentimentos dos outros.

4. O efeito de lesões frontais

Alguns pacientes com lesões frontais parecem desinibidos, como Gage em relação a seus ex-colegas de trabalho, outros parecem francamente apáticos: são menos espontâneos, falam menos do que o habitual, demoram-se a mover-se, respondem tardiamente às perguntas, podendo chegar até mesmo a um verdadeiro silêncio. A localização de uma lesão frontal afeta o tipo de alteração comportamental. A experiência clínica nos diz, por exemplo, que as lesões fronto-orbitais estão frequentemente associadas à desinibição, enquanto as do córtex pré-frontal medial, à apatia. Mas, para se obter um quadro completo das áreas cerebrais envolvidas na desinibição e apatia, é necessário passar pelo estudo de casos clínicos isolados e utilizar as mais avançadas técnicas de processamento de neuroimagem.

Um método chamado "morfologia baseada em voxel" (VBM, *Voxel-Based Morphology*), permite comparar ressonâncias magnéticas cerebrais de grupos de pacientes entre si e correlacionar o valor de cada voxel (unidade mínima de volume de ressonância) com as variáveis clínicas de interesse. O estudo de Giovanna Zamboni e colegas (2008) utilizou o VBM para relacionar exames de ressonância magnética do cérebro de 62 pacientes portadores de demência frontotemporal com as respostas a um questionário que lhes permitia medir sua apatia ou desinibição. Assim,

a) Apatia

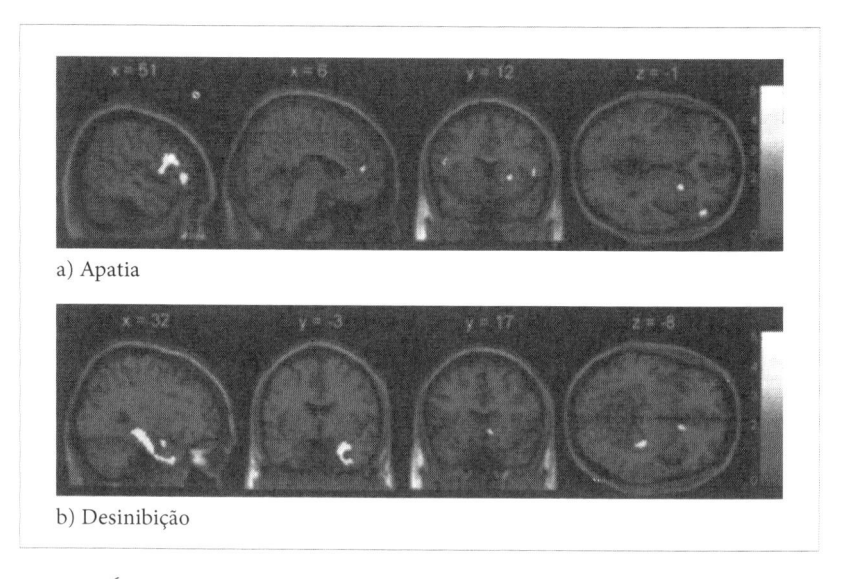

b) Desinibição

Fig. 6.1. Áreas de densidade de substância cinzenta reduzida que, em pacientes com demência frontotemporal, se correlacionam com um perfil comportamental caracterizado por apatia (a) ou desinibição (b).

foram criados mapas das áreas cerebrais em que o grau de atrofia cerebral se correlacionou significativamente com o grau de apatia ou desinibição[9] (ver a figura 6.1).

Os pacientes apresentavam atrofia cerebral difusa, mas como é característico da demência frontotemporal, com certo grau de assimetria entre os dois hemisférios: havia aqueles em que a atrofia prevalecia à direita, outros em que prevalecia à esquerda, mas a apatia e a desinibição correlacionavam-se com o grau de atrofia das regiões "críticas" do hemisfério direito. Isso não significa que a rede das estruturas subjacentes aos comportamentos apáticos ou desinibidos seja limitada àquelas observadas e restritas ao hemisfério direito. Em vez disso, pode-se concluir

---

9. A apatia correlaciona-se com a atrofia do córtex dorsolateral, o córtex orbitofrontal, a junção temporoparietal, córtex cingulado anterior e o putâmen. A desinibição correlaciona-se com a atrofia do núcleo accumbens, do sulco temporal superior e das estruturas límbicas temporais médias (incluindo o hipocampo e a amígdala).

que a integridade dessas regiões é particularmente importante para não causar apatia ou desinibição.

Resta definir a estrutura das redes neurais que determinam os comportamentos e estabelecer o papel que se pode atribuir às áreas críticas dentro da rede. Em suma, o desafio do futuro é aquele de entender o que exatamente faz cada componente do circuito. Para a maioria das funções cognitivas, ainda estamos muito longe deste objetivo, mas, neste momento, a identificação de redes e circuitos cerebrais já pode explicar como é possível que o mesmo sintoma decorra de lesões cerebrais diferentes e distantes entre si, e pode permitir que os neurocirurgiões conheçam antecipadamente o efeito de suas intervenções (Fox, 2018). Além disso, o fato de que as áreas críticas do hemisfério direito tenham sido poupadas do projétil que atravessou o crânio de Phineas Gage, mas não da lesão cirúrgica sofrida por Elliot, pode nos fazer entender a recuperação das alterações comportamentais no primeiro caso, mas não no segundo.

5. Conhecer a si mesmo

Aristóteles disse que "o homem é um animal político", querendo dizer com isso que ele é levado a se juntar a seus semelhantes para formar uma comunidade. Juntar-se aos outros envolve conhecer a si mesmo e compreender as intenções dos outros. Esses são os dois blocos de construção fundamentais da neurociência social.

A construção do "sentido de si próprio" inclui informações sobre nossos desejos e objetivos, sobre nossas características pessoais, sobre nossa posição no espaço, sobre o pertencimento ao nosso corpo, sobre nosso passado. Não existe uma estrutura única que colete ou sintetize todas essas informações. O "eu" surge como resultado de uma colagem, composta por processos vindos de dentro e de fora do corpo. Quando se perde um desses componentes, perde-se uma parte do "antigo eu". Foi o que aconteceu com Gage e Elliot. Eles não eram mais a mesma pessoa.

Em Delfos, no frontão do templo de Apolo, destacava-se a exortação "Conhece-te a ti mesmo". Para Sócrates essa era a base da sabedoria. Nas neurociências sociais, o processamento autorreferencial é uma função complexa que diz respeito tanto ao conhecimento dos aspectos físicos (esta é minha voz, estas são as minhas mãos, este é o meu braço), quanto ao conhecimento dos aspectos intangíveis (a personalidade, o carácter, as preferências, as memórias pessoais).

Existe diferença entre o conhecimento sobre as características, desejos e pensamentos que atribuímos aos outros e os nossos? O grupo de William M. Kelley (2002) explorou essa possibilidade, apresentando aos participantes de um estudo de fMRI um adjetivo, e registrando a atividade cerebral enquanto respondiam a perguntas como: "Esta característica lhe pertence?", ou "Esta característica pertence a George Bush?". Os resultados mostraram que responder a perguntas relacionadas às suas características próprias envolve a ativação do córtex pré-frontal medial. Os dados foram replicados por outros laboratórios, com o mesmo método, mas também utilizando a técnica de evento potencial correlacionado[10]. Pode-se concluir, assim, que a memória semântica autorreferencial é diferente daquela que se refere aos outros e se baseia em um maior envolvimento do *córtex pré-frontal medial*.

Esse tipo de memória é muito resistente. Mesmo em casos de amnésia grave, quando um trauma ou acidente vascular cerebral (AVC) apagou episódios do passado ou noções que nos dizem respeito, a memória dos traços distintivos da personalidade permanece intacta. Pode-se então não se recordar a data do aniversário, ou não reconhecer seu próprio rosto no espelho, mas não nos esquecemos de ser mesquinho ou generoso, otimista ou pessimista, calmo ou ansioso.

Mas, o senso de identidade não significa apenas conhecer os traços da própria personalidade: é um mosaico composto por pequeninas peças de diferentes cores. Um mosaico que o cérebro constrói através da atividade coordenada de diferentes estruturas. Há a memória autobiográfica episódica (o dia da minha formatura, o nascimento dos meus filhos), a memória semântica que me diz respeito (sou metade da região de

---

10. Os potenciais evocados são variações na atividade elétrica cerebral relacionadas a um estímulo sensorial ou, no caso dos ERPs, a uma determinada atividade cognitiva. Eles se baseiam na possibilidade de extrair o sinal elétrico de interesse isolando-o da atividade de fundo do EEG. Ao repetir o estímulo e registrar a atividade elétrica na mesma janela de tempo, a atividade de fundo é, de fato, cancelada e se obtém a variação de potencial ao longo do tempo (ERP), cuja latência, amplitude e forma podem ser comparadas entre diferentes sujeitos ou no mesmo sujeito em relação a diferentes tarefas.

Trieste, metade da região da Puglia), a capacidade de sentir como minhas as partes do meu corpo, de me reconhecer ao me olhar em uma foto, e finalmente há a experiência subjetiva (estou digitando agora no teclado deste computador).

Na vida cotidiana, as peças do mosaico interagem, mas a observação clínica nos mostra que elas podem ser dissociadas. Uma lesão bilateral do hipocampo, como a sofrida por Henry Molaison (ver capítulo 5), compromete a memória episódica autobiográfica. A sensação de que nosso corpo, completo em todas as suas partes, nos pertence — a sua *encarnação* (*embodiment*) — é assegurada por uma série de estruturas cerebrais, entre as quais um papel particularmente importante é o da *junção temporoparietal*. Estímulos ou lesões nesta região causam fenômenos estranhos, como a experiência de ver a si mesmo ou parte do corpo exteriormente a si mesmo, como se fosse o de outra pessoa, ou o de ver um duplo de si mesmo no espaço extrapessoal (autoscopia).

B. F. era uma jovem de 30 anos que, após uma *gestose*, teve uma eclâmpsia[11] complicada por choque hemorrágico, parada cardíaca e morte intrauterina do feto. Ela acordou depois de dois dias em coma, mas vinte dias depois ainda tinha cegueira cortical e falta de força nos braços e pernas. A ressonância magnética mostrou lesões bilaterais do lobo occipital estendendo-se até a junção occipitoparietal à direita e lesões de alguns núcleos da base do crânio (o putâmen, o globo pálido e a cabeça do núcleo caudado). Nós a visitamos três meses depois (ZAMBONI et al., 2008). Ela conseguia andar sem apoio, embora tivesse uma ligeira falta de força na perna esquerda. Não estava mais cega. Não tinha alterações do campo visual, discriminava cores e era capaz de detectar um estímulo do fundo, mas não reconhecia os objetos: tinha uma agnosia aperceptiva e distúrbio de percepção espacial com ataxia óptica, apraxia ocular, déficit de avaliação de profundidade, agnosia simultânea e leve negligência espacial esquerda (ver capítulo 2). Durante a visita, B. F. começou a nos dizer que via sua imagem refletida em um espelho. Era uma imagem autoscópica.

---

11. *Gestose* ou *pré-eclâmpsia*: patologia da fase final da gravidez caracterizada por hipertensão arterial, perda de proteína na urina e edema. *Eclâmpsia*: convulsões generalizadas associadas a sofrimento cerebral resultante de hipertensão arterial grave. Pode acontecer, na fase final da gravidez, após uma gestose.

Cada movimento facial ou do braço era imediatamente reproduzido pela imagem, como se tivesse um espelho à sua frente. Para onde quer que ela olhasse, a imagem estava presente a uma distância de cerca de um metro dela. Quando uma folha de papel foi colocada entre ela e a imagem, esta aparecia mais próxima dela. Era como se fosse transparente, "sobre uma placa de vidro, um pouco embaçada", usava a mesma roupa que ela, não tinha contornos claros. Não conseguia apreciar as cores e atrapalhava a visão dos outros objetos.

B. F. não parecia preocupada: sabia que sua experiência visual não era real e falava abertamente, sem reticências. Tentei desenhar um círculo na testa dela com um lápis: B. F. viu uma espécie de tatuagem aparecer na testa da sua imagem, no espelho, algo escuro e arredondado. No caso de B. F., a autoscopia era uma interpretação visual da imagem de si mesma, para a qual as informações sensoriais e proprioceptivas (da posição do próprio corpo) eram transformadas em imagem visual.

Outra peça do mosaico que constitui o senso de identidade é a consciência da decisão de mover uma parte do corpo (*agency* ou *consciência motora*). O grupo de Desmurget e Sirigu (2009) a estudou em sete pacientes submetidos à cirurgia para retirada de tumores cerebrais na região frontal ou parietal. Os pacientes estavam acordados, enquanto o neurofisiologista estimulava diferentes partes do cérebro, com um eletrodo, para definir a área a ser removida, sem causar danos. A estimulação de baixa intensidade da região parietal inferior determinava a intenção ou forte desejo de movimentar os membros do lado oposto ou os lábios. Ao aumentar a intensidade da estimulação, os pacientes tinham a sensação de terem realizado os movimentos (mesmo que não tivessem se movido e não houvesse o menor indício de atividade elétrica nos músculos). A consciência motora não é, portanto, o efeito da ativação sensorial após o movimento real do membro, mas o resultado da ativação do *lobo parietal inferior* antes da execução do movimento.

6. Compreender as intenções dos outros

Se o senso de identidade é o pré-requisito para poder interagir com nossos semelhantes, entender suas intenções é o que torna a nossa espécie mais social do que qualquer outra. Para fazer isso, só podemos contar com o que vemos e ouvimos: as expressões faciais, os movimentos corporais, as ações, a linguagem.

A capacidade de compreender as intenções, de atribuir estados mentais a outros foi chamada de *teoria da mente* (ToM), em 1978, por David Premack e Guy Woodruff, que a referiram aos chimpanzés. A competência social dos macacos ainda é objeto de discussão e debate, mas o termo ToM foi rapidamente aceito na psicologia do desenvolvimento e na neurociência cognitiva como um pré-requisito para regular os comportamentos sociais.

Existem duas teorias para explicar os processos psicológicos subjacentes à ToM. De acordo com a *Teoria da Teoria*, cada um de nós constrói uma espécie de teoria de como os processos psicológicos funcionam na relação entre eventos externos e estados mentais e a aplica aos estados mentais dos outros. Mas, quando uma criança deixa cair a casquinha de sorvete que acabou de receber de sua mãe, precisamos realmente de uma teoria dos processos psicológicos em jogo para imaginar que ela se sentirá decepcionada? A *teoria da simulação* sustenta que, em casos como este, entendemos sua decepção porque a compartilhamos, porque experimentamos o mesmo estado de espírito com um sistema de *neurônios espelho*, os mesmos que seriam ativados se o nosso sorvete tivesse caído.

A existência de neurônios espelho foi documentada em macacos (ver capítulo 3). Diz respeito ao seu sistema motor: o mesmo neurônio é ativado quando eles vão pegar um amendoim e quando veem que a mesma ação é feita por qualquer outro. Nos humanos, a evidência de que nossa capacidade de entender os estados mentais dos outros depende de um sistema de neurônios espelho é indireta, mas muito sugestiva. Tania Singer e seus colegas da University College London (2004) mostraram que, quando você observa seu ente querido com dor, são ativadas algumas das áreas do cérebro que respondem à dor experimentada pessoalmente.

Outros experimentos documentaram que as mesmas áreas (a região anterior da ínsula e a região médio-anterior do cíngulo) são ativadas tanto em relação a estímulos repugnantes (por exemplo, um mau cheiro) quanto a um rosto que expresse desgosto e, até mesmo, diante de uma proposta de troca econômica considerada injusta. Também neste caso, parte do circuito (da esquerda) é comum à dor, desgosto e injustiça, tanto vivenciados pessoalmente como sofridos por um amigo, enquanto a parte da direita é específica da modalidade sensorial de quem a sofreu (CORRADI-DELL'ACQUA et al., 2016). A empatia, portanto, parece ter uma rede de neurônios espelho, mecanismo que permite o fortalecimento dos laços sociais de forma quase automática, pré-cognitiva.

A leitura das expressões faciais, e em particular da região dos olhos, é um outro mecanismo que nos permite interpretar as emoções e intenções dos outros. Mas, há situações complexas em que não é apropriado encostar a pessoa na parede e, para testar sua sinceridade, dizer: "olhe bem fundo nos meus olhos". Por exemplo, você convida para jantar uma pessoa com quem espera aprofundar uma relação de conhecimento e amizade. Ela responde, com um sorriso, dizendo que não pode, pois já tem um compromisso anterior. Ela é sincera (tem realmente um compromisso) ou está sendo apenas educada, mas não tem interesse em sair com você? No primeiro caso, você poderia retomar o convite em outra ocasião. No segundo, isto só a incomodaria. Saber captar o contraste entre atitude externa e intenções permite identificar uma pessoa da qual é melhor desconfiar. A série de televisão *Lie to me* é baseada na utilização, nestes casos, das microexpressões faciais. Mas registrá-las requer habilidades e, às vezes, equipamentos que não estão disponíveis para todos. Não é por acaso que, nos episódios de *Lie to me*, os casos complicados são resolvidos com a intervenção do dr. Cal Lightman, um psicólogo superexperiente em comunicação não verbal. No dia a dia, temos que nos virar sem a ajuda do Lightman e, muitas vezes, usar outras informações além daquelas obtidas a partir de uma expressão ou microexpressão do rosto. Ao perceber que a pessoa que havia sido convidada está se divertindo afetuosamente com outra pessoa, provavelmente você concluirá que não é o caso de ficar insistindo em propor outras datas. Para isso, você utiliza suas inferências sobre os pensamentos, sentimentos e atitudes mentais atribuídas à convidada. Aqui, provavelmente entra em jogo a *Teoria da Teoria*. A ajuda vem de uma rede de áreas cerebrais que inclui o córtex pré-frontal medial e a junção temporoparietal.

Para estudar estes aspectos, Mitchell e colegas (2004) elaboraram um teste no qual, durante a ressonância magnética funcional, pediram a um grupo de sujeitos para associar a um rosto as características de personalidade que emergiam de uma série de episódios em sua vida, (por exemplo, para a preguiça: "adormeceu durante a conferência porque sabia que poderia assistir online"), ou memorizar a ordem em que os incidentes ocorreram no mês anterior. Os resultados mostraram que o *córtex pré-frontal medial* foi muito mais ativado na tarefa de atribuição de traços de personalidade do que na memória da ordem temporal dos episódios.

Outra região de fundamental importância para o conhecimento dos estados mentais de nossos semelhantes é a *junção temporoparietal*. É a mesma região que encontramos a propósito da construção do "senso de identidade". Estende-se entre o lóbulo parietal inferior e o sulco temporal superior, duas estruturas envolvidas, entre outras coisas, no reconhecimento do movimento biológico (de humanos e animais). É uma das porções do córtex associativo que se desenvolveu de maneira particular nos humanos, em comparação com outros primatas. As tarefas que a ativam são aquelas que envolvem a avaliação dos pensamentos ou intenções dos outros (SAXE, 2006). Também é ativada pela leitura de histórias que descrevem as crenças verdadeiras ou falsas de um personagem, mas não quando as histórias contêm informações sobre a aparência externa, histórico cultural ou sensações do personagem (por exemplo, que ele está cansado, dolorido, com fome). Uma confirmação do papel da junção temporoparietal vem da observação de três pacientes que, após uma lesão nesse local, tiveram um comprometimento seletivo da capacidade de imaginar as crenças dos outros (APPERLY et al., 2004).

Mesmo os dilemas morais (por exemplo: é certo matar uma pessoa se esta é a única maneira de salvar cinco?), ativam a junção temporoparietal. E não é por acaso que isso acontece, pois, via de regra, os dilemas morais envolvem uma avaliação da intencionalidade da ação comparada, por exemplo, a uma simples avaliação do dano causado. A mesma consideração também está presente na lei, que pondera diferentemente um crime doloso de um crime preterdoloso.

Para concluir, quando fazemos suposições sobre os objetivos e intenções de nossos semelhantes, o papel fundamental é desempenhado pela junção temporoparietal, ao passo que quando analisamos suas características subjacentes (traços de personalidade, hábitos sociais), entra em jogo o córtex pré-frontal medial. No entanto, as duas estruturas não são exclusivamente dedicadas a estas tarefas. Por exemplo, a junção temporoparietal também é ativada seletivamente, quando avaliamos as relações espaciais entre dois objetos, do ponto de vista de outra pessoa, em vez do nosso próprio (AICHHORN et al., 2006).

Poderemos compreender melhor a organização do nosso "cérebro social" quando conheceremos detalhadamente as operações que essas áreas realizam sobre as informações que recebem. Enquanto isso, a grande quantidade de dados que foram coletados nos últimos anos, utilizando técnicas avançadas de neuroimagem, estão nos ajudando a entender melhor algumas patologias psiquiátricas. Os transtornos do espectro autista são tipicamente associados a um déficit nos aspectos cognitivos e motores da teoria da mente. As pessoas com autismo têm dificuldade em imaginar os pensamentos, desejos, intenções dos outros e sincronizar automaticamente com outras expressões faciais, posturas e movimentos. Por outro lado, sua capacidade de decodificar expressões faciais e vocais emocionais (empatia emocional ou afetiva) é mais sujeita a variações.

Em um estudo de ressonância magnética funcional, Lombardo e colegas (2011) compararam as ativações cerebrais de um grupo de adultos com autismo com aquelas de um grupo de controle enquanto tentavam responder a perguntas sobre as características físicas e processos mentais de outras pessoas (por exemplo: "Qual a probabilidade de você achar que a rainha considera importante manter um diário?"), ou deles próprios ("Qual a probabilidade de você considerar importante manter um diário?"). Os resultados mostraram que, para julgamentos sobre os processos mentais de pessoas do grupo de controle, era ativada a junção temporoparietal direita. O mesmo não aconteceu em pessoas com autismo.

7. A empatia

A compreensão das emoções dos outros pode ser considerada um conceito somente na parte que coincide com a teoria da mente. A empatia se diferencia desta porque a compreensão do que acontece com o próximo é acompanhada pelo compartilhamento da resposta emocional, por uma espécie de ressonância afetiva. Quando criança, meu colega de classe era disléxico. Quando o professor pediu que ele se levantasse para ler uma parte de um texto, ele estava suando e eu me senti mal por ele. Eu me escondi atrás do meu parceiro sentado na mesa em frente à minha, me senti envergonhado como se aquela dificuldade de leitura fosse minha. Agora, espero que as metodologias de ensino tenham evoluído e que se evite a humilhação de quem tem um transtorno específico de aprendizagem. Para deixar registrado: meu colega de classe teve uma brilhante carreira como cirurgião.

Na empatia, distinguem-se dois aspectos: o contágio emocional e a mudança de perspectiva. O *contágio emocional* nos permite reconhecer e compartilhar o que outra pessoa está sentindo. A *mudança de perspectiva* permite intuir seus pensamentos e sentimentos. Imagine, por exemplo, ter sabido que seu amigo Nino convidou a namorada, Luciana, para jantar, mas que, de última hora, Luciana ligou para ele para cancelar o compromisso, alegando compromissos de trabalho urgentes. Naquela noite, a irmã de Nino encontra Luciana em um restaurante, jantando com o ex, e conta para o irmão. Seria possível deduzir que Nino terá pensado que Luciana mentiu para ele (mudança de perspectiva cognitiva) e que provavelmente ele está com raiva e ciúmes (mudança de perspectiva afetiva). Finalmente, seria igualmente possível compartilhar a raiva de Nino (contágio emocional). Argye E. Hillis (2014) revisou a literatura relacionada a estudos de neuroimagem que analisaram esses diferentes componentes e os comparou com ensaios clínicos de pacientes que perderam a empatia após um AVC. Surgiu então um quadro complexo (ver a figura 6.2).

Diferentes regiões do cérebro trabalham em conjunto para tornar possível aquele forte vínculo social subjacente à empatia: algumas permitem o contágio emocional, outras parecem cruciais para a mudança de perspectiva cognitiva ou emocional, outras ainda parecem engajadas na coordenação entre mudança de perspectiva e contágio emocional.

São redes desenvolvidas principalmente no hemisfério direito. Muitas vezes, os resultados de uma lesão do hemisfério direito são considerados menos devastadores do que os de uma lesão do hemisfério esquerdo. É verdade que uma lesão do hemisfério esquerdo, quando prejudica a linguagem e o uso da mão direita, dominante em 90% das pessoas, tem

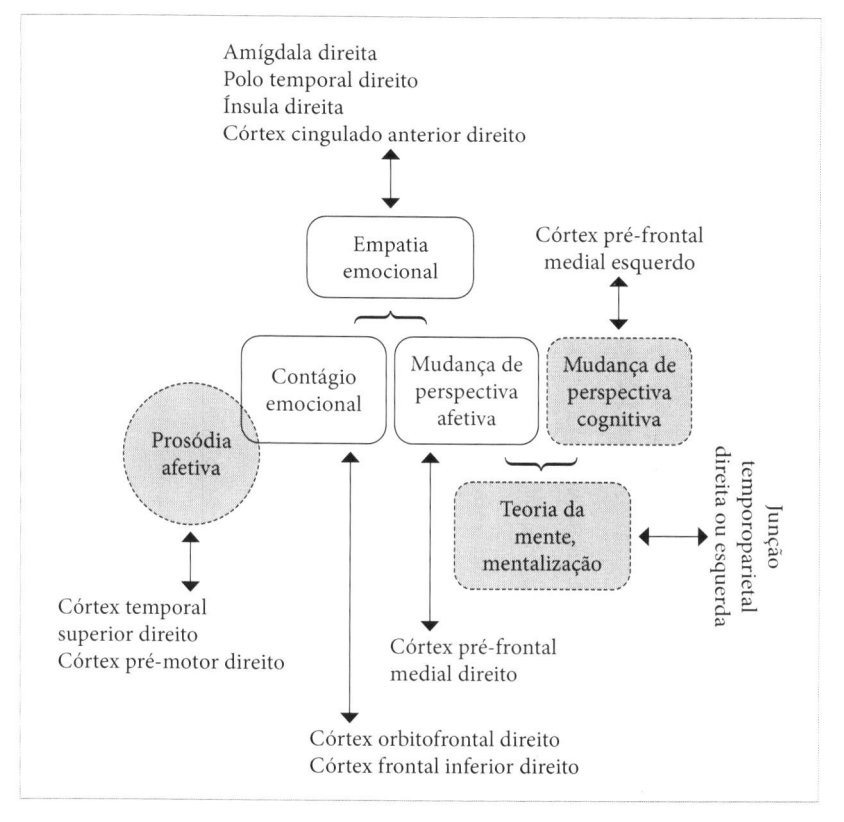

```
                    Amígdala direita
                    Polo temporal direito
                    Ínsula direita
                    Córtex cingulado anterior direito
                              ↕
                        ┌──────────┐      Córtex pré-frontal
                        │ Empatia  │      medial esquerdo
                        │emocional │            ↕
                        └──────────┘
         ┌─────────┐  ┌──────────┐  ┌──────────┐
         │Contágio │  │Mudança de│  │Mudança de│
         │emocional│  │perspectiva│ │perspectiva│
         │         │  │ afetiva  │  │ cognitiva│
  ╭─────╮└─────────┘  └──────────┘  └──────────┘
  │Prosódia│
  │afetiva │             ┌──────────┐         Junção
  ╰─────╯                │Teoria da │ ↔    temporoparietal
                         │  mente,  │      direita ou esquerda
                         │mentalização│
                         └──────────┘
      ↕                       ↕
  Córtex temporal        Córtex pré-frontal
  superior direito        medial direito
  Córtex pré-motor direito
                     Córtex orbitofrontal direito
                     Córtex frontal inferior direito
```

Fig. 6.2. Esquema dos mecanismos cognitivos e neurais subjacentes à empatia emocional (margem contínua) e dos processos cognitivos associados (margem tracejada). A amígdala direita, o polo temporal, a parte anterior da ínsula, o córtex cingulado anterior, estariam envolvidos tanto no contágio emocional quanto na mudança de perspectiva afetiva. O córtex orbitofrontal direito e frontal inferior seriam críticos para o contágio emocional e o córtex pré-frontal medial direito para a mudança de perspectiva afetiva.

Fonte: Adaptado de HILLIS, 2014.

consequências mais graves do que uma lesão do hemisfério direito, mas seria superficial subestimar o papel de uma deficiência na capacidade de sentir empatia. Não é por acaso que os cônjuges de pacientes que sofreram um AVC neste contexto muitas vezes se queixam de se sentirem incompreendidos por seu marido ou esposa e que o cônjuge acha difícil aceitar, como parte dos resultados do AVC, uma mudança de caráter e um empobrecimento da relação.

8. A percepção social

Nino teve que esperar que a irmã lhe informasse que tinha visto Luciana com o ex para entender que o relacionamento com ela estava em crise? Talvez lhe bastasse ler o sorriso forçado ou o tom de voz com que Luciana aceitara o convite para jantar. Diferentes áreas do cérebro colaboram na interpretação das expressões faciais, algumas comuns a todas, outras típicas de algumas emoções, mas não de outras. Por exemplo, rostos com medo, tristes ou felizes ativam a amígdala, que não é ativada por rostos que expressam desgosto ou raiva. Essas expressões, em vez disso, ativam a ínsula. O medo também ativa o córtex frontal medial direito (FUSAR-POLI et al., 2009).

Esses dados são reforçados pela observação clínica: pacientes epilépticos que sofrem de esclerose temporomesial, um tipo de epilepsia associada à perda de neurônios e fibroses na parte mais profunda do lobo temporal (e, portanto, envolvendo a amígdala e/ou as conexões da amígdala com outras estruturas), apresentam déficit acentuado para o reconhecimento de expressões faciais, e em particular do medo (MELETTI et al., 2009). As pessoas portadoras da mutação genética da coreia de Huntington, uma doença hereditária caracterizada por movimentos involuntários, apresentam um déficit de reconhecimento de expressões que indicam nojo, mesmo antes de apresentarem os sinais clínicos da doença (GRAY et al., 1997).

A compreensão da entonação prosódica também requer a integração das diferentes áreas do cérebro. Algumas estão empenhadas em decodificar os aspectos linguísticos da prosódia. Isso inclui a acentuação das palavras, a ênfase na palavra mais importante da frase ou a entonação que permite distinguir uma frase interrogativa de uma frase declarativa. Outras são específicas para a entonação emocional. A grande diferença entre os dois aspectos da entonação prosódica se encontra no giro frontal inferior: a prosódia linguística ativa a área BA 44 (parte opercular), a prosódia emocional ativa a área BA 47 (parte orbital). Pacientes com lesões nessa região têm dificuldade em reconhecer as emoções expressas pela entonação da voz. É fácil imaginar o impacto que isso pode ter em um casal ou na relação entre dois amigos.

9. Comportamento social

Déficit da teoria da mente, falta de empatia e dificuldade em decodificar sinais sociais convergem na determinação de alterações comportamentais que podem ser a expressão de doenças psiquiátricas ou neurodegenerativas, muitas vezes difíceis de distinguir uma da outra. Um exemplo é fornecido pela história médica do dr. A. (NARVID et al., 2009), cirurgião que, aos 61 anos, começou a ter algumas dificuldades na sua atividade profissional.

O número das visitas do dr. A. diminuiu. Os pacientes já não o procuravam como antes. Por alguns anos, A. continuou a trabalhar, mas aos 64 anos foi forçado a se aposentar. A., que era chamado por seus sobrinhos de *mr. Fun* (o sr. Hilário), tornou-se frio e distante. Em uma ocasião ele abandonou dois de seus netos, que tinham cerca de 3 anos, dizendo-lhes para irem para casa sozinhos, no escuro. Quando perguntado por que ele fez isso, ele se mostrou distante. Ele não via o problema: os netos conheciam o lugar, não estavam longe de casa, poderiam se virar. Pouco tempo depois, para seu aniversário de 65 anos, sua filha organizou uma bela festa em sua homenagem. A. acabou decidindo não participar, sem fornecer explicações.

Sua tendência a se isolar continuou. De repente, ele deixou a festa de casamento do filho para se retirar para o hotel, onde ficou sentado no escuro, em silêncio. Ao mesmo tempo, ele se tornou teimoso e agressivo, até mesmo com sua esposa. Em várias ocasiões, ele se envolveu em comportamentos inadequados. Em um almoço de ensaio para a organização da festa de casamento, ele assediou repetidamente três senhoras, criando grande constrangimento. Começou a comer vorazmente, interessando-se, como nunca antes, por sorvetes, petiscos diversos e pizzas, muitas vezes pegando os alimentos com as mãos, sem esperar que fossem retirados da embalagem em que eram transportados.

Após a aposentadoria, ele começou a beber vinho e destilados. Várias vezes entrou na casa de um vizinho e roubou diversas garrafas de licor fino. No entanto, negou ter feito isso. A polícia o avisou, mas, não é preciso dizer que ele logo foi preso por voltar à casa do vizinho. Começou a abusar de *valium* e de um opiáceo. Foi internado em um centro de desintoxicação e reabilitação. As enfermeiras que o assistiam notaram sua falta de consciência e sua dificuldade em compreender as consequências de suas ações. Foi tratado com um antidepressivo e um medicamento usado para a doença de Alzheimer (que ele não tinha), sem nenhum benefício. Ele morreu aos 66 anos. A autópsia revelou uma atrofia assimétrica dos lobos frontal e temporal, cujo exame histológico levou à doença de Pick, uma variante da demência frontotemporal.

O dr. A. foi examinado um ano antes de sua morte, com uma série de exames. Suas habilidades de linguagem eram normais, assim como seu desempenho em testes visuoespaciais. Embora seu comprometimento com os testes de memória fosse fraco, A. demonstrou boa capacidade de aprendizado. Também foi considerado normal seu desempenho nos testes geralmente sensíveis a patologias que afetam o lobo frontal e que envolvem memória de trabalho, velocidade de processamento, capacidade de colocar os elementos de uma história na sequência correta, inibição de respostas verbais automáticas, flexibilidade cognitiva. Todos aspectos comprometidos, de diversas formas, nas patologias que afetam o lobo frontal.

Onde estavam seus problemas então? O dr. A. não entendia se uma frase era pronunciada com uma entonação que sugeria nojo, felicidade, raiva ou medo. Ele não percebia se o tom de voz não era congruente com o conteúdo (como quando há uma intenção sarcástica). Falhava em uma série de tarefas relacionadas à teoria da mente (ToM). Apresentava dificuldades quando era necessária uma mudança de perspectiva para entender o pensamento de um personagem de um conto narrado com desenhos animados. Por exemplo: onde Pedrinho pensa que está a bola que ele havia deixado em uma sacola e que Luísa mudou da sacola para uma bolsa, quando Pedrinho estava fora da sala (ToM de primeira ordem), e onde Luísa acha que Pedrinho acredita que a bola pode ser encontrada (ToM de segunda ordem)? Ele também não conseguia imaginar os pensamentos e intenções dos personagens que apareciam em pequenos clipes de vídeo.

A esposa do dr. A. respondeu a um questionário que explorou vários aspectos da empatia, comparando o comportamento atual do marido com o apresentado antes do início da doença. Os resultados confirmaram que os distúrbios comportamentais do dr. A. estavam associados (e, provavelmente, pelo menos parcialmente causados) a déficits na compreensão das expressões emocionais, pela incapacidade de interpretar o que os outros pensam, suas intenções e suas emoções. A ressonância magnética do encéfalo, examinada quantitativamente pelo método da *Voxel-Based Morphometry* (VBM), mostrou uma significativa atrofia frontotemporal, que envolvia principalmente a região ventral e medial do lobo frontal, se estendia até a ínsula e afetava quase exclusivamente o hemisfério direito. O quadro clínico era de uma sociopatia adquirida. Um quadro, em muitos aspectos, semelhante ao mostrado por Elliot. Também o local da atrofia era congruente com o do meningioma removido de Elliot. O local da lesão foi o mesmo encontrado, em decorrência de um grave traumatismo craniano, no caso de Gianfranco Stevanin, o *serial killer* considerado culpado do assassinato de seis mulheres em 1994 e, por isto, condenado à prisão perpétua. As áreas frontotemporais direitas também foram as áreas que se correlacionaram com os distúrbios comportamentais no estudo de Zamboni e colegas (2008). Em suma, há muitos indícios de que o hemisfério direito, e em particular, as regiões fronto-orbital e temporal, desempenhem um papel preponderante no controle do comportamento social. O que é certo é que nem todos os que têm algum ferimento nessa área se tornam criminosos, *serial killers* ou sociopatas ao extremo. Mesmo sem se aprofundar no tema, um tanto escorregadio, do livre-arbítrio, é provável que fatores ambientais, em particular, eventos imediatamente após uma lesão aguda, desempenhem um papel importante, constituindo a base de respostas estereotipadas que direcionam o comportamento para atitudes mais ou menos socialmente aceitáveis.

Dr. A., assim como Elliot, tinha uma "sociopatia adquirida", um distúrbio comportamental após uma lesão orbitofrontal. Mas como é o cérebro de alguém com personalidade sociopata, ou mais corretamente, afetado por um transtorno de personalidade antissocial[12]?

Com esse termo se quer definir um transtorno de personalidade que se manifesta já na infância e no início da adolescência — e continua na idade adulta —, caracterizado pela incapacidade de assumir responsabilidades, comportamento impulsivo, falta de empatia, violação dos direitos dos outros, desprezo patológico pelas regras e leis da sociedade e do mundo circundante, com uma consequente tendência marcada para cometer crimes. A origem do comportamento sociopático tem sido associada, por um lado, a fatores genéticos, por outro, a traumas psicológicos e influências sociais negativas.

Como tudo isto se reflete no cérebro? E, em particular, na estrutura dessas áreas que podem determinar uma sociopatia adquirida, quando são lesionadas ou danificadas por uma patologia neurodegenerativa? O discurso é diferente se estudamos as crianças e adolescentes ou os adultos. O diagnóstico de sociopatia só é possível a partir dos 18 anos de idade. Um grupo de pesquisadores (DE BRITO et al., 2009) examinou a ressonância magnética do cérebro de 23 meninos, com idades entre 10 e 13 anos, com distúrbios de conduta e com traços de insensibilidade emocional, muitas vezes preditivos de uma sociopatia, e as comparou com a de outros 25, de mesma idade. Os resultados mostraram alterações no córtex orbitofrontal, o mesmo que se mostrou alterado em sociopatas adultos (DE OLIVEIRA-SOUZA et al., 2008). Entretanto, diferentemente dos adultos, em que a alteração consiste em uma redução da substância cinzenta, portanto, em uma atrofia desta região, nos meninos observa-se um aumento da substância cinzenta. Esse resultado, aparentemente paradoxal, pode ser considerado a expressão de um atraso na maturação dessa região do cérebro. De fato, sabemos que uma das fases da maturação cerebral consiste no afinamento sináptico (também conhecido como *pruning*, literalmente poda), processo no qual as conexões pouco utilizadas são eliminadas. Neste processo, os estímulos ambientais desempenham um papel importante e é, aqui, que há amplo espaço para explorar os mecanismos de plasticidade cerebral, por meio de programas de reabilitação direcionados.

---

12. Este é o termo usado pelo *Manuale diagnostico e statistico dei disturbi mentali DSM-IV-TR*, Milano, Masson Editore, 2010.

10. Neurotransmissores e comportamentos violentos

Por algum tempo, as relações entre o casal Waldroup foram tensas[13]. Os dois haviam se separado. Em 16 de outubro de 2006, o sr. Davis Bradley Waldroup estava esperando por sua esposa e filhos no trailer, estacionado em uma clareira em Kimsey Mountain, uma área montanhosa nas florestas do Tennessee. Penny, esposa de Davis, estava acompanhada por uma amiga, Leslie Bradshaw. Penny temia tensões e brigas, inclusive violentas. Havia pedido a um vizinho que chamasse a polícia caso não tivesse retornado até às 19h30. Quando Penny e Leslie chegaram com as crianças, Davis estava carregando um rifle calibre .22. Penny se despediu das crianças, que ficariam com o pai e começou a voltar para o carro.

Davis pediu a Penny que ficasse porque precisava falar com ela, mas, ela respondeu que tinha que ir trabalhar e que eles poderiam conversar quando ela voltasse para pegar as crianças. Davis começou a gritar com Penny e Leslie, que considerava responsável pelo naufrágio de seu casamento. Ele pegou o rifle e atirou. Leslie Bradshaw foi mortalmente ferida. Penny começou a correr. Davis a alvejou nas costas. Penny caiu, Davis a alcançou e a empurrou por trás e apontou o rifle para a cabeça dela. Ela conseguiu se libertar e chutou a arma para longe, que deslizou pela encosta da montanha. Nesse momento, Davis puxou uma faca e correu na direção de Penny, ferindo-a repetidamente. Ela, no entanto, conseguiu pegar a faca e jogá-la fora, depois se levantou e os dois começaram a correr. Penny correu na direção da rua em busca de ajuda. Mas a casa mais próxima ficava a quase meio quilômetro de distância. Davis, depois de pegar uma pá, a alcançou e a atingiu na cabeça. O cachorro dos dois começou a rosnar para Davis. Penny aproveitou a oportunidade para escapar, escondendo-se atrás do trailer, mas Davis a alcançou novamente e a atingiu com um facão no ombro e na cabeça. Penny se virou, levantando os braços para se proteger. Ela implorou a Davis para parar, mas Davis continuou a dar golpes nela e, ao fazê-lo, cortou fora o dedo mindinho de sua própria mão esquerda. Quando ele terminou, agarrou-a

---

13. Os detalhes do caso são relatados no endereço <https://law.justia.com/cases/tennessee/courtofcriminalappeals/2011/e201001906ccar3cd.html>, onde é possível baixar a decisão de apelação do *Estado do Tennessee contra Davis Bradley Waldroup, Jr.*

pelos cabelos e a arrastou até o corpo de Leslie Bradshaw, derrubando-a no chão ao lado dela e, golpeando o corpo de Leslie com chutes e golpes de facão. Em seguida, pegou sua esposa e a levou até o trailer, onde estavam as crianças. Penny estava completamente coberta de sangue. Ele então pediu a uma das filhas que lhe trouxesse água para beber e um pano para enfaixar a mão. Sentia-se fraco por todo o sangue que havia perdido e não conseguia ficar de pé.

Davis, infelizmente, ainda não havia terminado. Ele decidiu que queria fazer sexo com Penny e disse a seus filhos que se despedissem de sua mãe, porque aquela era a última vez que a veriam viva. Ele então levou sua esposa para o quarto, mas ficou nervoso, porque Penny estava em uma situação péssima para fazer sexo. Ele pediu que ela tomasse um banho para limpar todo o sangue que havia sobre ela. Penny não queria agradá-lo. Começou a se limpar na pia. Davis arrancou a blusa dela e a jogou na cama e se jogou em cima dela. A filha começou a gritar, dizendo que tinha visto as luzes de um carro que se aproximava. Davis saiu da cama para checar e Penny reuniu todas as forças que tinha, para escapar, seminua, para o carro: era, finalmente, o carro da polícia. Davis foi preso e Penny foi transportada de ambulância para o Erlanger Hospital, no estado vizinho do Kentucky, onde ficou hospitalizada por duas semanas.

Davis foi acusado de assassinato premeditado (de primeiro grau na lei americana) e de tentativa de assassinato premeditado. Em 7 de maio de 2009, foi promulgada a sentença que o condenou a 32 anos de reclusão, descartando a acusação inicial como homicídio voluntário não premeditado (segundo grau) e tentativa de homicídio não premeditado.

As acusações podiam levá-lo à pena de morte (então em vigor no estado do Tennessee)[14]. Isto não aconteceu em função de uma perícia de William Bernet — um psiquiatra forense que já havia publicado um trabalho sobre genética comportamental em casos de crimes, em 2006[15]. Davis era

---

14. Em 2014, o estado do Tennessee, juntamente com outros estados americanos decretaram a suspensão provisória da pena de morte, aguardando resolução das dificuldades relativas aos métodos de execução e à falta de drogas letais, bem como alguns problemas de constitucionalidade.

15. FARAHANY, Nita; BERNET, William. Behavioural genetics in criminal cases: Past, present, future, *Genomics, Society and Policy*, v. 2, n. 1 (2006), 72-79.

portador de uma mutação no gene da monoamina oxidase A (MAO-A), a principal enzima que lida com o metabolismo das catecolaminas e, em particular, da serotonina e da noradrenalina, moléculas que atuam como neurotransmissores no sistema nervoso. A mutação *Low* MAO-A determina uma expressão reduzida da enzima e, portanto, maiores concentrações de neurotransmissores, com predisposição à aventura e exploração, mas também à agressividade.

É interessante notar que a tendência a desenvolver comportamentos violentos é relativamente baixa, e não difere daquela de indivíduos que possuem alta atividade enzimática (*High* MAO-A), desde que o ambiente psicossocial seja saudável e protetor. É somente quando o ambiente é caracterizado por abuso e situações graves de desconforto familiar e social que a tendência a desenvolver comportamentos agressivos ocorre com maior frequência (até 85%) nos portadores de *Low* MAO-A (CASPI et al., 2002).

Bernet declarou, a respeito de Davis Bradley Waldroup que, "seu mapa genético, combinado com seu histórico de criança abusada, o havia levado a ser um adulto violento" e que "isso deveria ser considerado quando falamos de responsabilidade criminal". O júri, de fato, levou isso em consideração: foi o primeiro caso em que a genética comportamental entrou no tribunal e ajudou a mudar o perfil de responsabilidade de um acusado de assassinato.

Alguns anos depois, exatamente em 1º de outubro de 2009, o Tribunal de Assis e de Apelações de Trieste, de forma semelhante, resolveu um caso de assassinato que remontava a 10 de março de 2007. Naquele dia, o cidadão argelino de 37 anos Abdelmalek Bayout matou com vários golpes de faca o colombiano Walter Felipe Novoa Perez, de 32 anos, que, junto com um grupo de jovens, o havia chamado de homossexual porque seus olhos estavam maquiados com *kajal*[16], aparentemente por razões religiosas. No julgamento de Trieste, o Tribunal, pela primeira vez na Europa, também considerou significativo o perfil genético do acusado, que apresentou a variante *Low* MAO-A e, justamente por esse motivo, adotou a redução de um terço da pena.

---

16. *Kajal* (ou *kohl*) é um pigmento escuro particularmente comum no Oriente Médio, Norte da África, África Subsaariana e sul da Ásia. No Oriente Médio é usado, assim como para cosméticos, para proteger os olhos e proteger contra o mau-olhado.

A sentença despertou considerável interesse no campo científico (a notícia também foi publicada na revista *Nature*[17]) e na área forense, e um alvoroço enganoso no campo jornalístico. Alguns chegaram a argumentar que a sentença transferia a responsabilidade do sujeito para seus genes. Na realidade, nem a sentença nem a perícia de Pietro Pietrini e Giuseppe Sartori sustentam o determinismo genético do comportamento[18]. A composição genética de Bayout é uma característica individual que, juntamente com outras, o expõe a um maior risco de comportamento antissocial, impulsivo e violento. O art. 133 do Código Penal[19] dispõe que o juiz, para aplicar a pena, deve levar em conta uma série de parâmetros, entre os quais a capacidade do infrator de cometer um crime também derivado de seu "caráter", do qual parece difícil que se possa excluir os componentes biológicos (neste caso, genéticos) que contribuem para identificá-lo.

Buckholtz e Meyer-Lindenberg (2008), com uma série de experimentos, misturando genética e estudos de neuroimagem funcional, explicaram como a mutação *Low* MAO-A poderia atuar nos circuitos cerebrais que mediam a agressão humana. Tudo poderia depender da influência que o córtex pré-frontal ventromedial teria sobre a amígdala através das conexões de ambos com o córtex do cingulado anterior, uma região que tem uma grande densidade de receptores de serotonina. O aumento dos níveis de serotonina e norepinefrina, em um período crítico do desenvolvimento, tornaria a rede engajada em decisões sociais mais instável diante de experiências negativas nas fases iniciais da vida. Por esta razão,

---

17. Disponível em. <www.nature.com/news/2009/091030/full/news.2009.1050.html>.

18. PELLEGRINI, Silvia; PIETRINI, Pietro. Siamo davvero liberi? Il comportamento tra geni e cervelli, *Sistemi Intelligenti*, v. 22, n. 2 (2010), 281-293. CODOGNOTTO, Sara; SARTORI, Giuseppe. Neuroscienze in tribunale: la sentenza di Trieste, *Sistemi Intelligenti*, v. 2, n. 2 (2010), 269-280.

19. O autor se refere à legislação italiana que, no Brasil, corresponderia ao Art. 26 de nosso Código Penal: "É isento de pena o agente que, por doença mental ou desenvolvimento mental incompleto ou retardado, era, ao tempo da ação ou da omissão, inteiramente incapaz de entender o caráter ilícito do fato ou de determinar-se de acordo com esse entendimento. Parágrafo único. A pena pode ser reduzida de um a dois terços, se o agente, em virtude de perturbação de saúde mental ou por desenvolvimento mental incompleto ou retardado, não era inteiramente capaz de entender o caráter ilícito do fato ou de determinar-se de acordo com esse entendimento". (N. da T.)

se crescerem em um ambiente saudável, os portadores da mutação *Low MAO-A* podem mostrar apenas variações de temperamento em um ambiente normal, enquanto um ambiente caracterizado por incerteza contínua, ameaças imprevisíveis, modelos sociais e comportamentais ruins e falta de reforços para atitudes pró-sociais, poderiam predispô-los à violência e agressão impulsiva quando adultos.

11. A ocitocina: um hormônio poliédrico

A ocitocina é um hormônio produzido pelo hipotálamo e secretado pela neuro-hipófise. É de fundamental importância na gravidez, na amamentação, mas não só. Na fase final da gravidez, secretada em resposta ao estiramento do colo do útero, induz as contrações do útero, iniciando o parto. Na amamentação, a estimulação do mamilo promove sua secreção, favorecendo a produção de leite. Mas, ao lado dessas atividades *periféricas*, conhecidas há muitos anos e que levaram ao seu uso também para fins terapêuticos na indução do parto, a ocitocina tem importantes ações cerebrais que se refletem no comportamento humano. Receptores de ocitocina são encontrados na superfície celular dos neurônios: em particular na amígdala, na região ventromedial do hipotálamo, no septo[20], no núcleo accumbens[21] e no tronco cerebral.

Primeiro nos mamíferos e depois nos humanos, a ocitocina foi considerada um regulador das emoções e, com uma boa dose de superficialidade, como o hormônio do amor. As coisas, na realidade, não são tão simples. É verdade que a ocitocina está envolvida em uma série de comportamentos "pró-sociais", como a ligação mãe-filho, o *grooming*[22], a ativi-

---

20. O septo pelúcido é uma fina membrana vertical que separa os cornos anteriores dos ventrículos cerebrais. Do ponto de vista funcional, faz parte do sistema límbico. Está envolvido nas emoções e comportamentos instintivos.
21. O núcleo accumbens, mais corretamente *nucleus accumbens septi* (do latim *núcleo adjacente ao septo*) é uma estrutura que desempenha um papel importante nos processos cognitivos de aversão, motivação e recompensa.
22. *Grooming* é a atividade com a qual os macacos procuram, no pelo dos outros indivíduos, piolhos, carrapatos e fragmentos de pele morta, separando-os com as mãos ou os dentes. É uma ação ritualizada que serve para fortalecer os laços sociais dentro do grupo, amortecer tensões e restaurar a harmonia.

dade sexual, a regulação do estresse e, de maneira mais geral, todos aqueles comportamentos sociais que podem ser definidos como "afiliativos", que promovem a coesão, harmonia entre duas ou mais pessoas. Nas relações de casal, a ocitocina não se limita a promover a atração sexual e o amor romântico, mas também se preocupa em manter o vínculo do casal, reduzindo os conflitos[23] e promovendo a fidelidade nas relações monogâmicas. Um estudo recente (SCHEELE et al., 2012) demonstrou que nos homens envolvidos em relacionamentos monogâmicos (mas não em "solteiros"), a inalação de ocitocina aumenta em 10 a 15 centímetros a distância que eles mantêm quando encontram uma jovem atraente.

Mas, mesmo fora do relacionamento do casal, a ocitocina favorece o estabelecimento de laços de confiança. A administração de ocitocina melhora o reconhecimento de rostos e aumenta o tempo gasto na exploração da região dos olhos, fundamental para a compreensão das expressões emocionais. Em um jogo que simula um investimento econômico, a ocitocina torna as pessoas mais propensas a confiar em um estranho a quem enviar dinheiro para investir, sem qualquer garantia de reciprocidade. O efeito, no entanto, não é observado se as pessoas são informadas de que estão interagindo com um computador, não com uma pessoa real.

Tudo isto favorece a formação de laços sociais. Então, é sempre bom? Na verdade, não. Infelizmente, a ocitocina não é um hormônio de inclusão e abertura generalizada aos outros: favorece os laços sociais dentro do grupo semelhante, mas tende a excluir, a alienar aqueles que não fazem parte do grupo. E assim, por exemplo, a ocitocina aumenta a diferença na resposta empática quando observamos o rosto de uma pessoa que está sofrendo, mas apenas se esse rosto pertencer ao nosso mesmo grupo racial[24], aumenta a inveja se alguém está ganhando mais do que nós e a alegria se está perdendo mais do que nós[25], e aumenta a proba-

---

23. DITZEN, Beate et al. Intranasal oxytocin increases positive communication and reduces cortisol levels during couple conflict, *Biological Psychiatry*, v. 65, n. 9 (2009), 728-731.
24. SHENG, Feng et al. Oxytocin modulates the racial bias in neural responses to others' suffering, *Biological Psychology*, v. 92, n. 2 (2013), 380-386.
25. SHAMAY-TSOORY, Simone G. et al. Intranasal administration of oxytocin increases envy and schadenfreude (gloating), *Biological Psychiatry*, v. 66, n. 9 (2009), 864-870.

bilidade de comportamentos desonestos quando favorecem o grupo ao qual o indivíduo pertence[26].

Pode-se dizer, portanto, que a ocitocina, na regulação do comportamento, tem efeitos pró-sociais e antissociais, tende a aproximar as pessoas, mas às vezes, também a distanciá-las. Mais pesquisas poderão nos ajudar a entender a possibilidade ou não de aplicações terapêuticas. O grupo de Sirigu demonstrou que a inalação de ocitocina promove comportamentos sociais em pessoas com autismo de alto funcionamento (ANDARI et al., 2010). O estudo utilizou um jogo de computador em que a colaboração oferecida por três jogadores fictícios pode ser modificada, variando a porcentagem de lances da bola contra a pessoa examinada. Os resultados mostraram que, após a inalação de ocitocina, aumentavam as interações com parceiros mais colaborativos, assim como o sentimento de confiança e a preferência por eles. Essas observações foram replicadas, usando vários testes psicológicos. No entanto, não há evidências de que o tratamento prolongado com ocitocina possa ter efeitos clinicamente relevantes.

12. Neuroeconomia: como decidimos

No final, é preciso decidir o que fazer. A percepção, a linguagem, as emoções e a memória, nada mais são do que instrumentos que a evolução do cérebro humano disponibilizou para nos ajudar a decidir, consciente ou inconscientemente, os objetivos de nossas ações: desde o mais simples (o que vou comer no café da manhã?), aos mais complexos (em quem votarei nas próximas eleições?).

As teorias sobre os mecanismos de tomada de decisão nos seres humanos são divididas em normativas e descritivas. As primeiras, fruto do trabalho de economistas e matemáticos, se detêm sobre como o ser humano deveria decidir se fosse um animal racional. No entanto, não é muito difícil demonstrar que o homem, muitas vezes, não o é. Do nosso ponto de vista, é mais interessante entender como ele decide.

---

26. SHALVI, Shaul; DE DREU, Carsten K. W. Oxytocin promotes group-serving dishonesty, *PNAS*, v. 111, n. 15 (2014), 5503-5507.

Daniel Kahneman, um psicólogo israelense, em 2002, ganhou o Prêmio Nobel em virtude de uma série de experimentos realizados com Amos Tversky, cujo resultado demonstrou como, especialmente em condições de risco, somos facilmente enganados. Eles observaram, por exemplo, que *diferentes formulações de um mesmo problema* podem levar a diferentes decisões. Kahneman e Tversky pediram a dois grupos de pessoas que imaginassem a chegada de uma nova doença, oriunda da Ásia, que coloca em risco a vida de 600 pessoas. Era preciso escolher entre dois programas para limitar os danos. O primeiro grupo foi convidado a escolher entre o programa A, que teria salvado 200 pessoas, e o programa B, segundo o qual havia 1/3 de chance de salvar todos e 2/3 de não salvar ninguém. O segundo grupo foi solicitado a escolher entre o programa C, que resultaria na morte de 400 pessoas, e o programa D, que tinha 1/3 de chance de que ninguém morresse e 2/3 de que todos morressem. É evidente que os programas A e B, do primeiro grupo são, respectivamente, completamente equivalentes aos programas C e D do segundo grupo. A única diferença reside na prevalência de elementos positivos na apresentação do problema ao primeiro grupo e negativos ao segundo grupo. No entanto, enquanto o primeiro grupo escolheu o programa A em 72% dos casos, o segundo grupo escolheu o programa D em 78% dos casos.

Intimamente relacionado à forma como um problema é apresentado está o fenômeno psicológico da *aversão à perda*. Uma decisão pode dar origem a escolhas opostas se os resultados forem propostos como perdas em vez de ganhos perdidos: é mais fácil renunciar a um desconto do que aceitar um aumento de preço, mesmo que a diferença entre o preço inicial e o preço final seja a mesma.

A irracionalidade e a inconsistência das escolhas não dependem apenas do contexto ou da forma de formulação dos problemas. Por exemplo: vou comer aquela rosca, recheada de creme, mesmo sabendo que estou acima do peso e meu colesterol está em contínuo crescimento, ou me contento com um café da manhã à base de iogurte e programo um tempo de ginástica? A quantidade de vezes em que muitos escolhem a solução menos saudável é, provavelmente, um legado de um cérebro, o nosso, que foi formado para se adaptar a situações ambientais muito diferentes das atuais. Um cérebro que se preocupava principalmente em acumular energia para sobreviver, sem se preocupar muito em perseguir objetivos de longo prazo.

Nossas decisões podem se apresentar de diferentes maneiras: podem ser habituais ou direcionadas a um propósito. As primeiras respondem a um estímulo de forma estereotipada, segundo uma lógica estímulo-resposta: vejo a luz vermelha e piso no pedal do freio. As ações direcionadas a um propósito visam um resultado e, a partir disto, aguardam uma recompensa ou prêmio. Neste caso, o cérebro calcula o valor de cada opção, compara os valores e escolhe com base no maior prêmio possível de ser obtido, levando em consideração sua probabilidade e o custo envolvido para sua obtenção. Ao jogar roleta, pode-se sempre esperar uma grande vitória, apostando a partir de um único número, mas, alguém poderia se contentar com uma vitória menor, apostando na saída de um número par.

Calcular o valor do prêmio é, muitas vezes, uma operação difícil. Entram em jogo o tipo e a extensão da recompensa, o contexto, a probabilidade e o esforço (ou custo) para obtê-la. Um aspecto do custo é a espera para receber o prêmio. A relação entre essas duas variáveis (a espera e o valor do prêmio) é o chamado "desconto temporal". Em geral, as pessoas, mas, também os animais, descontam o valor subjetivo do prêmio, que diminui à medida que se aproxima de um momento futuro no qual qualquer valor é perdido. Para um fumante inveterado, viciado em nicotina, um cigarro pode ser de grande valia se obtido em seis minutos, contudo, este valor cairia se chegasse a uma espera de seis horas, e seria quase nulo se esta fosse de seis meses.

De acordo com a teoria econômica clássica, o valor da recompensa deveria baixar ao longo do tempo, de acordo com uma função exponencial. Um prêmio de magnitude X, portanto, desvalorizaria por um valor constante em cada intervalo de tempo. No entanto, as coisas não são assim. Em humanos e animais, o valor parece decair com uma *função hiperbólica* ou *quase hiperbólica*. A principal diferença entre nós e os outros animais está no fato de que, para eles, a queda no valor de uma recompensa chega a zero em um minuto, enquanto os humanos podem esperar algumas dezenas de anos (pense em quem economiza para comprar uma casa, para a educação dos filhos ou para a aposentadoria). Os homens devem ao desenvolvimento do córtex pré-frontal essa capacidade de esperar, de fazer planos a longo prazo, o que é característico de nossa espécie.

Mas não somos todos iguais. A entidade do desconto nos diz muito sobre a capacidade de uma pessoa definir e perseguir seus objetivos. Alguns continuam a preferir recompensas menores, mas imediatas ("melhor um ovo hoje"), a recompensas mais altas e atrasadas ("do que uma galinha amanhã"), uma tendência que muitas vezes está ligada ao comportamento impulsivo. Em suma, parece que existem dois sistemas em funcionamento: um para decisões de curto prazo — impulsionado pelo sistema límbico — respondendo à gratificação imediata, mas, menos sensível ao valor dos prêmios futuros, outro — conduzido do córtex pré-frontal lateral — para aquelas escolhas que exigem paciência, capacidade de avaliar as vantagens de gratificações abstratas, muitas vezes estendidas ao longo do tempo.

Os resultados de um experimento de fMRI conduzido por McClure e colegas (2004) apontam exatamente nessa direção. Os autores pediram aos participantes que fizessem uma série de escolhas entre recompensas monetárias que variavam na quantia e no tempo em que seriam entregues (mais cedo ou mais tarde). Os resultados mostraram que algumas partes do sistema límbico são ativadas principalmente por decisões que envolvem a entrega imediata da recompensa monetária. Diz respeito ao sistema estriado ventromedial, ao córtex orbitofrontal e ao córtex pré-frontal medial — todas áreas amplamente povoadas por neurônios que usam dopamina e observadas no sistema de recompensa de macacos. Por outro lado, algumas áreas do córtex pré-frontal lateral e do córtex parietal posterior são ativadas independentemente da entrega da recompensa mais cedo ou mais tarde. Os dois sistemas funcionam em paralelo, mas o envolvimento do sistema pré-frontal lateral é maior quando as pessoas estão engajadas em escolhas que envolvam recompensa tardia.

Um estudo em pacientes com lesão cerebral focal forneceu evidências de que o córtex orbitofrontal é necessário para todas as escolhas que envolvem gratificação ou recompensa tardia. Sellitto, Ciaramelli e Di Pellegrino (2010) examinaram sete pacientes com lesões orbitofrontal mediais a partir de três testes nos quais tiveram que decidir entre uma gratificação menor imediata e uma gratificação maior tardia. As recompensas podiam ser primárias (barras de chocolate) ou secundárias (dinheiro ou *vouchers* para ir a uma academia). As respostas dos pacientes com lesões orbitofrontal mediais foram comparadas com as de um grupo de pacientes com lesões que não incluíam o lobo frontal e amígdala e com um grupo de controle com pessoas de mesma idade. Os dados foram examinados reportando-os a uma função hiperbólica e calculando, para cada sujeito, o valor da constante K que expressa a inclinação da curva. Os resultados mostraram que os pacientes com lesões orbitofrontais mediais têm uma destacada preferência pelas recompensas imediatas, mesmo que de menor importância.

O córtex orbitofrontal medial é indispensável para a avaliação das vantagens futuras nas escolhas intertemporais. Sua função poderia ser a de formar representações vívidas dos cenários futuros ou de incorporar sinais do córtex pré-frontal lateral que lhe permitam resistir à perspectiva de gratificação imediata.

Conclusões

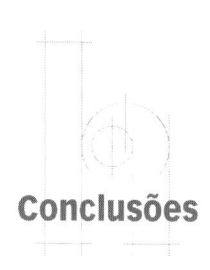

As últimas três décadas foram o período de ouro para as pesquisas sobre o cérebro. As aquisições tecnológicas foram decisivas e nos permitiram ver não só a estrutura do cérebro, mas também o cérebro em funcionamento.

Nós somos o nosso cérebro. Podemos transplantar o coração, o fígado, o pulmão. Tecnicamente, talvez algum dia — mesmo que essa possibilidade me horrorize — possa se transplantar o corpo de uma pessoa, mas não o cérebro. Porque essa pessoa é seu cérebro: a nossa história, a nossa vida, estão escritas na linguagem de nossos neurônios. Nada é, portanto, mais importante do que compreender, proteger e tratar o sistema nervoso.

Nesses anos de intensa pesquisa em neurociência, a forma de ver o cérebro mudou. Agora sabemos que é muito mais plástico do que pensávamos. Esta plasticidade é vista na história individual, na resposta a traumas e doenças, mas, também a intuímos na evolução de nossa espécie. Cada um de nós tem nossos pontos fortes e fracos. Carregamos o peso da herança genética em nossos ombros, mas, também temos amplo espaço para usar as experiências que fazemos e desenvolver habilidades que modificam a estrutura física do sistema nervoso. Traumas e doenças podem prejudicar as habilidades cognitivas, às vezes de forma irreparável. No entanto, temos recursos para recuperar, curar, compensar os danos sofridos.

Como neurologista, acostumei-me a fugir de julgamentos prognósticos peremptórios: vezes sem conta eu fui desmentido pelos fatos.

Sucedeu-me pensar se, e de que modo, o nosso cérebro de seres humanos do século XXI era diferente daquele de nossos ancestrais, que primeiro se levantaram em seus membros inferiores e começaram a correr na savana em busca de comida. Como se desenvolveu a linguagem? O que faziam, antes que o homem falasse, as áreas do cérebro agora designadas para fazê-lo? E o que faziam aquelas que agora nos permitem ler e escrever? Dar uma resposta a essas perguntas talvez nos permita entender como o cérebro evoluirá nos próximos anos, em um contexto no qual a internet fará cada vez mais parte de nossas vidas.

Passamos a década do cérebro (de 1990 a 2000) e o enorme financiamento[1] associado ao BRAIN, uma iniciativa do ex-presidente dos Estados Unidos Barack Obama para estimular, como indica a sigla, "pesquisa avançada sobre o cérebro através da promoção de neurotecnologias inovadoras". Além desses financiamentos americanos, foram adicionados empréstimos europeus e japoneses. Podemos dizer que conhecemos o cérebro melhor hoje do que há trinta, quarenta ou cinquenta anos?

No campo da neurociência básica, ainda há muitas coisas que não sabemos sobre o funcionamento dos neurônios e suas conexões: por exemplo, como a informação é armazenada e como ela pode ser conservada por toda a vida. No entanto, adquirimos um vasto conhecimento sobre as redes neuronais envolvidas no desempenho das principais funções cognitivas e percebemos que existem regiões que intervêm em tarefas aparentemente diferentes. A partir daqui se deveria começar a decifrar as operações que elas realizam.

É verdade: as doenças neurodegenerativas, os tumores cerebrais, os acidentes vasculares cerebrais não foram derrotados, mas para cada uma dessas áreas, o avanço do conhecimento nos permite agora ter medicamentos, dispositivos médicos ou estratégias terapêuticas infinitamente mais eficazes. Para a doença de Parkinson, a estimulação cerebral profunda foi adicionada às drogas, o que só foi possível graças ao conhe-

---

1. BRAIN (*Brain Research through Advancing Innovative Neurotechnologies*), projeto financiado com 4,5 bilhões de dólares.

cimento aprofundado dos circuitos que regulam o funcionamento dos núcleos basais. Para a doença de Alzheimer, chegaram ao mercado medicamentos que aliviam parcialmente seu desenvolvimento e outros foram desenvolvidos para atacar os mecanismos biológicos da doença. Os resultados da aplicação destes foram inferiores ao esperado, mas as falhas também permitiram o crescimento do conhecimento.

Os tumores cerebrais permanecem, ainda hoje, principalmente de relevância cirúrgica, mas o que sabemos de redes neurais que permitem atividades cognitivas complexas (como linguagem e memória), permitem hoje intervenções mais direcionadas e seletivas. O AVC ainda é uma temível causa de incapacidade e mortalidade, mas agora sabemos como minimizar os danos intervindo adequadamente na fase aguda e temos protocolos mais eficazes de reabilitação motora e cognitiva. Finalmente, o campo das neuropróteses teve e terá ainda mais, no futuro, um grande desenvolvimento: visual, auditivo, para controle da dor, motor e talvez até cognitivo (BERGER et al., 2005).

Em suma, ainda que ninguém, neste momento, saiba dizer porque uma determinada região do cérebro está envolvida nos processos de tomada de decisão e outra, na sintaxe, o que adquirimos nos permite intervir, de forma direcionada, em pacientes que apresentam déficits nessas áreas.

Percorremos um longo caminho, mas aquele menino que, há mais de cinquenta anos, olhando para o céu estrelado, decidiu se matricular em medicina porque queria entender como a substância cinzenta contida na caixa de seu crânio poderia calcular a posição e a distância das estrelas e pensar em se aventurar no espaço, repetiria hoje a mesma escolha, com o mesmo entusiasmo.

Referências

Abbott, Alison. How the brain's face code might unlock the mysteries of perception. *Nature*, v. 564, n. 7735 (2018) 176-179.

Aglioti, Salvatore M. et al. Action anticipation and motor resonance in elite basketball players. *Nature Neuroscience*, v. 11, n. 9 (2008) 1109-1116.

Aichhorn, Markus et al. Do visual perspective tasks need theory of mind? *Neuroimage*, v. 30, n. 3 (2006) 1059-1068.

Andari, Elissar et al. Promoting social behavior with oxytocin in high-functioning autism spectrum disorders. *Proceedings of the National Academy of Sciences*, v. 107, n. 9 (2010) 4389-4394.

Apperly, Ian A. et al. Frontal and temporo-parietal lobe contributions to theory of mind: Neuropsychological evidence from a false-belief task with reduced language and executive demands. *Journal of Cognitive Neuroscience*, v. 16, n. 10 (2004) 1773-1784.

Bálint, Rudolph. Seelenlähmung des "Schauens", optische Ataxie, räumliche Störung der Aufmerksamkeit. *Monatsschrift für Psychiatrie und Neurologie*, v. 25 (1909) 51-81.

Bar, Mosche et al. Top-down facilitation of visual recognition. *Proceedings of the National Academy of Sciences*, v. 103, n. 2 (2006) 449-454.

Bäzner, Hansjörg; Hennerici, Michael G. Painting after right-hemisphere stroke — Case studies of professional artists. In: Bogousslavsky, Julien; Hennerici, Michael G. (org.). *Neurological Disorders in Famous Artists — Part 2*. Basel: Karger, 2007, 1-13.

Bechara, Antoine et al. Deciding advantageously before knowing the advantageous strategy. *Science*, v. 275, n. 5304 (1997) 1293-1295.

BEHRMANN, Marlene; MOSCOVITCH, Morris; WINOCUR, Gordon. Intact visual imagery and impaired visual perception in a patient with visual agnosia. *Journal of Experimental Psychology: Human Perception and Performance*, v. 20, n. 5 (1994) 1068-1087.

BERGER, Theodore W. et al. Restoring lost cognitive function. *IEEE Engineering in Medicine and Biology Magazine*, v. 24, n. 5 (2005) 30-44.

BERTI, Anna; FRASSINETTI, Francesca. When far becomes near: Remapping of space by tool use. *Journal of Cognitive Neuroscience*, v. 12, n. 3 (2000) 415-420.

BERTI, Anna; FRASSINETTI, Francesca; UMILTÀ, Carlo. Nonconscious reading? Evidence from neglect dyslexia. *Cortex*, v. 30, n. 2 (1994) 181-197.

BIEDERMAN, Irving. Recognition-by-components: A theory of human image understanding. *Psychological Review*, v. 94, n. 2 (1987) 115-147.

BIRKMAYER, Walther; HORNYKIEWICZ, Oleh. Der L-dioxyphenylalanin-effekt bei der Parkinson-Akinese. *Wien Klin Wschr*, v. 73 (1961) 787-788.

BISIACH, Edoardo; LUZZATTI, Claudio. Unilateral neglect of representational space. *Cortex*, v. 14, n. 1 (1978) 129-133.

BISIACH, Edoardo; LUZZATTI, Claudio; PERANI, Daniela. Unilateral neglect, representational schema and consciousness. *Brain*, v. 102, n. 3 (1979) 609-618.

BIZZI, Emilio et al. Posture control and trajectory formation during arm movement. *Journal of Neuroscience*, v. 4, n. 11 (1984) 2738-2744.

BODAMER, Joachim. Die Prosop-Agnosie; die Agnosie des Physiognomieerkennens. *Arch Psychiatr Nervenkr Z Gesamte Neurol Psychiatr*, v. 118, n. 1-2 (1947) 6-53.

BRAIN, W. Russell. Disorientation with special reference to lesions of the right cerebral hemisphere. *Brain*, v. 64, n. 4 (1941) 244-271.

BROCA, Paul. Remarques sur le siège de la faculté du langage articulé, suivies d'une observation d'aphémie (perte de la parole). *Bulletins de la Société d'Anthropologie de Paris*, n. 6 (1861) 330-357. Disponível em: <http://psychclassics.yorku.ca/Broca/aphemie.htm>.

——. Sur le siège de la faculté du langage articulé. *Bulletins de la Société d'Anthropologie de Paris*, n. 6 (1865) 337-393.

BUCKHOLTZ, Joshua W.; MEYER-LINDENBERG, Andreas. MAOA and the neurogenetic architecture of human aggression. *Trends in Neurosciences*, v. 31, n. 3 (2008) 120-129.

CABEZA, Roberto; ST. JACQUES, Peggy. Functional neuroimaging of autobiographical memory. *Trends in Cognitive Sciences*, v. 11, n. 5 (2007) 219-227.

CANTAGALLO, Anna; DELLA SALA, Sergio. Preserved insight in an artist with extrapersonal spatial neglect. *Cortex*, v. 34, n. 2 (1998) 163-189.

CARAMAZZA, Alfonso; ZURIF, Edgar B. Dissociation of algorithmic and heuristic processes in language comprehension. Evidence from aphasia. *Brain and Language*, v. 3, n. 4 (1976) 572-582.

CASPI, Avshalom et al. Role of genotype in the cycle of violence in maltreated children. *Science*, v. 297, n. 5582 (2002) 851-854.

CAZZOLI, Dario et al. Theta burst stimulation reduces disability during the activities of daily living in spatial neglect. *Brain*, v. 135, n. Pt 11 (2012) 3426-3439.

CHANG, Le; TSAO, Doris Y. The code for facial identity in the primate brain. *Cell*, v. 169, n. 6 (2017) 1013-1028 e14.

CHARCOT, Jean-Martin. La paralisi agitante (1986). In: CIVITA, Afredo (ed.). *Jean-Martin Charcot. Lezioni alla Salpêtrière*. Milano: Guerini e associati, 1989, 35-57.

CORBETTA, Maurizio et al. Voluntary orienting is dissociated from target detection in human posterior parietal córtex. *Nature Neuroscience*, v. 3, n. 3 (2000) 292-297.

CORBETTA, Maurizio; SHULMAN, Gordon L. Spatial neglect and attention networks. *Annual Review of Neuroscience*, n. 34 (2011) 569-599.

CORKIN, Suzanne. *Permanent Present Tense. The Unforgettable Life of the Amnesic Patient H. M.* New York: Basic Books, 2013. Trad. bras.: *Presente permanente. A história de Henry Molaison e de como o estudo de seu cérebro revolucionou a neurociência.* Rio de Janeiro: Record, 2018.

CORRADI-DELL'ACQUA, Corrado et al. Cross-modal representations of first-hand and vicarious pain, disgust and fairness in insular and cingulate córtex. *Nature Communications*, v. 7, n. 10904 (2016).

COSMAN, Joshua D.; ATREYA, Priyanka V.; WOODMAN, Geoffrey F. Transient reduction of visual distraction following electrical stimulation of the prefrontal córtex. *Cognition*, v. 145 (2015) 73-76.

COWEY, Alan; SMALL, Marian; ELLIS, Simon. Left visuo-spatial neglect can be worse in far than in near space. *Neuropsychologia*, v. 32, n. 9 (1994) 1059-1066.

CUBELLI, Roberto; MONTAGNA, C. G. A reappraisal of the controversy of Dax and Broca. *Journal of the History of the Neurosciences*, v. 3, n. 4 (1994) 215-226.

DE BRITO, Stéphane A. et al. Size matters. Increased grey matter in boys with conduct problems and callous-unemotional traits. *Brain*, v. 132, n. Pt 4 (2009) 843-852.

DE OLIVEIRA-SOUZA, Ricardo et al. Psychopathy as a disorder of the moral brain: Fronto-temporo-limbic grey matter reductions demonstrated by voxel-based morphometry. *Neuroimage*, v. 40, n. 3 (2008) 1202-1213.

DE RENZI, Ennio; LIOTTI, Mario; NICHELLI, Paolo. Semantic amnesia with preservation of autobiographic memory. A case report. *Cortex*, v. 23, n. 4 (1987) 575-597.

DECETY, Jean et al. Central activation of autonomic effectors during mental simulation of motor actions in man. *Journal of Physiology*, v. 461 (1993) 549-563.

DEGUTIS, Joseph M. Tonic and phasic alertness training. A novel behavioral therapy to improve spatial and non-spatial attention in patients with hemispatial neglect. *Frontiers in Human Neuroscience*, v. 4, n. 60 (2010) 1-17.

DESIMONE, Robert et al. Stimulus-selective properties of inferior temporal neurons in the macaque. *Journal of Neuroscience*, v. 4, n. 8 (1984) 2051-2062.

DESMURGET, Michel et al. Movement intention after parietal cortex stimulation in humans. *Science*, v. 324, n. 5928 (2009) 811-813.

ELLIS, Hadyn D.; LEWIS, Michael B. Capgras delusion. A window on face recognition. *Trends in Cognitive Sciences*, v. 5, n. 4 (2001) 149-156.

ELWARD, Rachael L.; VARGHA-KHADEM, Faraneh. Semantic memory in developmental amnesia. *Neuroscience Letters*, n. 680 (2018) 23-30.

EMBERSON, Lauren L. et al. Decoding the infant mind. Multivariate pattern analysis (MVPA) using fNIRS. *PLoS One*, v. 12, n. 4 (2017) e0172500.

ESLINGER, Paul J.; DAMÁSIO, António R. Severe disturbance of higher cognition after bilateral frontal lobe ablation: Patient EVR. *Neurology*, v. 35, n. 12 (1985) 1731-1741.

FADIGA, Luciano; CRAIGHERO, Laila; D'AUSILIO, Alessandro. Broca's area in language, action, and music. *Annals of the New York Academy of Sciences*, n. 1169 (2009) 448-458.

FODOR, Jerry A. *Modularity of mind. An essay on faculty psychology*. Cambridge: MIT Press, 1983.

FOX, Christopher J. et al. Perceptual and anatomic patterns of selective deficits in facial identity and expression processing. *Neuropsychologia*, v. 49, n. 12 (2011) 3188-3200.

FOX, Michael D. Mapping Symptoms to Brain Networks with the Human Connectome. *The New England Journal of Medicine*, v. 379, n. 23 (2018) 2237-2245.

FRAK, Victor; PAULIGNAN, Yves; JEANNEROD, Marc. Orientation of the opposition axis in mentally simulated grasping. *Experimental Brain Research*, v. 136, n. 1 (2001) 120-127.

FRASSINETTI, Francesca et al. Long-lasting amelioration of visuospatial neglect by prism adaptation. *Brain*, v. 125, n. Pt 3 (2002) 608-623.

FREIWALD, Winrich A.; TSAO, Doris Y. Functional compartmentalization and viewpoint generalization within the macaque face-processing system. *Science*, v. 330, n. 6005 (2010) 845-851.

FRIEDERICI, Angela D. The cortical language circuit. From auditory perception to sentence comprehension. *Trends in Cognitive Sciences*, v. 16, n. 5 (2012) 262-268.

FUSAR-POLI, Paolo et al. Functional atlas of emotional faces processing. A voxel-based meta-analysis of 105 functional magnetic resonance imaging studies. *The Journal of Psychiatry & Neuroscience*, v. 34, n. 6 (2009) 418-432.

GABRIELI, John D.; COHEN, Neal J.; CORKIN, Suzanne. The impaired learning of semantic knowledge following bilateral medial temporal-lobe resection. *Brain and Cognition*, v. 7, n. 2 (1988) 157-177.

GAUTHIER, Isabel et al. Activation of the middle fusiform "face area" increases with expertise in recognizing novel objects. *Nature Neuroscience*, v. 2, n. 6 (1999) 568-573.

GESCHWIND, Norman. Disconnexion syndromes in animals and man. *Brain*, n. 88 (1965) 237-94 (I); 585-644 (II).

GLASSER, Matthew F.; RILLING, James K. DTI tractography of the human brain's language pathways. *Cerebral Cortex*, v. 18, n. 11 (2008) 2471-2482.

GOLDENBERG, George. Apraxia and beyond: Life and work of Hugo Liepmann. *Cortex*, v. 39, n. 3 (2003) 509-524.

GORNO-TEMPINI, Maria Luisa et al. Cognition and anatomy in three variants of primary progressive aphasia. *Annals of Neurology*, v. 55, n. 3 (2004) 335-346.

GRAY, John M. et al. Impaired recognition of disgust in Huntington's disease gene carriers. *Brain*, v. 120 (1997) 2029-2038.

HAGOORT, Peter. The neurobiology of language beyond single-word processing. *Science*, v. 366, n. 6461 (2019) 55-58.

HALLIGAN, Peter W.; MARSHALL, John C. Left neglect for near but not far space in man. *Nature*, v. 350, n. 6318 (1991) 498-500.

HEAD, Henry. *Aphasia and kindred disorders of speech*. Cambridge: Cambridge University Press, 1926, v. 1, cap. 4, 54-60.

HILLIS, Argye E. Inability to empathize. Brain lesions that disrupt sharing and understanding another's emotions. *Brain*, v. 137, n. Pt 4 (2014), 981-997.

HOPFINGER, Joseph B.; BUONOCORE, Michael H.; MANGUN, George R. The neural mechanisms of top-down attentional control. *Nature Neuroscience*, v. 3, n. 3 (2000) 284-291.

HUMPHREYS, Glyn W.; RIDDOCH, M. Jane. Interactions between object and space systems revealed through neuropsychology. In: MEYER, David E.; KORNBLUM, Sylvan (ed.), *Attention and Performance XIV. Synergies in Experimental Psychology, Artificial Intelligence, and Cognitive Neuroscience*. Cambridge: MIT Press, 1993, 143-162.

HUNG, Chia-Chun et al. Functional mapping of face-selective regions in the extrastriate visual cortex of the marmoset. *Journal of Neuroscience*, v. 35, n. 3 (2015) 1160-1172.

HUNTINGTON, George. On chorea. *Medical and Surgical Reporter*, n. 26 (1872) 317-321. Disponível em: <https://en.wikisource.org/wiki/On_Chorea>.

——. Recollections of Huntington's chorea as I saw it at East Hampton, Long Island, during my boyhood. *Journal of Nervous and Mental Disease*, n. 37 (1910) 255-257.

JAMES, Thomas W. et al. Ventral occipital lesions impair object recognition but not object-directed grasping. An fMRI study. *Brain*, v. 126, n. Pt 11 (2003) 2463-2475.

KANWISHER, Nancy et al. A locus in human extrastriate cortex for visual shape analysis. *Journal of Cognitive Neuroscience*, v. 9, n. 1 (1997) 133-142.

KELLEY, William M. et al. Finding the self? An event-related fMRI study. *Journal of Cognitive Neuroscience*, v. 14, n. 5 (2002) 785-794.

LICHTHEIM, Ludwig. Über Aphasie. *Deutsches Archiv für klinische Medizin*, n. 36 (1885) 2014-2268.

LIEPMANN, Hugo K. The syndrome of apraxia (motor asymboly) based on a case of unilateral apraxia (1900). Trad. W. H. O. Bohne; K. Liepmann; A. Rosenberg. In: *Monatsschrift für Psychiatrie und Neurologie*, v. 8 (1900) 15-44. In: ROTTENBERG, David A.; HOCHBERG, Fred H. (ed.), *Neurological Classics in Modern Translation*. London: Hafner Press, 1977, 155-183.

LIMOUSIN, Patricia et al. Effect on parkinsonian signs and symptoms of bilateral subthalamic nucleus stimulation. *Lancet*, v. 345, n. 8942 (1995) 91-95.

LISSAUER, Heinrich. Ein Fall von Seelenblindheit nebst einem Beitrag zur Theorie derselben. *Archiv fur Psychiatrie*, n. 21 (1890) 222-270.

LOMBARDO, Michael V. et al. Specialization of right temporo-parietal junction for mentalizing and its relation to social impairments in autism. *Neuroimage*, v. 56, n. 3 (2011) 1832-1838.

MAGUIRE, Eleanor A. et al. Navigation-related structural change in the hippocampi of taxi drivers. *Proceedings of the National Academy of Sciences*, v. 97, n. 8 (2000) 4398-4403.

MARSHALL, John C.; HALLIGAN, Peter W. Blindsight and insight in visuo-spatial neglect. *Nature*, v. 336, n. 6201 (1988) 766-767.

McClure, Samuel M. et al. Separate neural systems value immediate and delayed monetary rewards. *Science*, v. 306, n. 5695 (2004) 503-507.

Meletti, Stefano et al. Facial emotion recognition impairment in chronic temporal lobe epilepsy. *Epilepsia*, v. 50, n. 6 (2009) 1547-1559.

Menenti, Laura et al. When elephants fly: Differential sensitivity of right and left inferior frontal gyri to discourse and world knowledge. *Journal of Cognitive Neuroscience*, v. 21, n. 12 (2009) 2358-2368.

Mesulam, Marek-Marsel. Spatial attention and neglect: parietal, frontal and cingulate contributions to the mental representation and attentional targeting of salient extrapersonal events. *Philosophical Transactions of the Royal Society B*, v. 354, n. 1387 (1999) 1325-1346.

Milner, A. David et al. Perception and action in "visual form agnosia". *Brain*, v. 114, n. Pt 1B (1991) 405-428.

Milner, Brenda. The medial temporal-lobe amnesic syndrome. *Psychiatric Clinics of North America*, v. 28, n. 3 (2005) 599-611.

Milner, Brenda; Penfield, Wilder. The effect of hippocampal lesions on recent memory. *Transactions of the American Neurological Association*, n. 80th Meeting (1995) 42-48.

Mitchell, Jason P.; MacRae, C. Neil; Banaji, Mahzarin R. Encoding-specific effects of social cognition on the neural correlates of subsequent memory. *Journal of Neuroscience*, v. 24, n. 21 (2004) 4912-4917.

Monti, Martin M. et al. Willful modulation of brain activity in disorders of consciousness. *The New England Journal of Medicine*, v. 362, n. 7 (2010) 579-589.

Moscovitch, Morris et al. The cognitive neuroscience of remote episodic, semantic and spatial memory. *Current Opinion in Neurobiology*, v. 16, n. 2 (2006) 179-190.

Moscovitch, Morris; Winocur, Gordon; Behrmann, Marlene. What is special about face recognition? Nineteen experiments on a person with visual object agnosia and dyslexia but normal face recognition. *Journal of Cognitive Neuroscience*, v. 9, n. 5 (1997) 555-604.

Naccache, Lionel. Is she conscious? *Science*, v. 313 (2006) 1395-1396.

Narvid, Jared et al. Of brain and bone. The unusual case of Dr. A. *Neurocase*, v. 15, n. 3 (2009) 190-205.

Nichelli, Paolo et al. Preserved memory abilities in thalamic amnesia. *Brain*, v. 111, n. Pt 6 (1988) 1337-1353.

Nicolas, Serge. Experiments on Implicit memory in a Korsakoff patient by Claparede (1907). *Cognitive Neuropsychology*, v. 13, n. 8 (1996) 1193-1199.

NISHIMOTO, Shinji et al. Reconstructing visual experiences from brain activity evoked by natural movies. *Current Biology*, v. 21, n. 19 (2011) 1641-1646.

O'CALLAGHAN, Claire; MULLER, Alana J.; SHINE, James M. Clarifying the role of neural networks in complex hallucinatory phenomena. *Journal of Neuroscience*, v. 34, n. 36 (2014) 11865-11867.

OWEN, Adrian M. et al. Detecting awareness in the vegetative state. *Science*, v. 313, n. 5792 (2006) 1402.

PATEL, Aniruddh D. Language, music, syntax and the brain. *Nature Neuroscience*, v. 6, n. 7 (2003) 674-681.

PEARCE, John M. Broca's aphasia. *European Neurology*, v. 61, n. 3 (2009) 183-189.

POUGET, Alexandre; SEJNOWSKI, Terrence J. A new view of hemineglect based on the response properties of parietal neurones. *Philosophical Transactions of the Royal Society B*, v. 352, n. 1360 (1997) 1449-1459.

PUGNAGHI, Matteo et al. "My sister's hand is in my bed". A case of somatoparaphrenia. *Neurological Sciences*, v. 33, n. 5 (2012) 1205-1207.

QUAGLINO, Antonio. Emiplegia sinistra con amaurosi — Guarigione — Perdita totale della percezione dei colori e della memoria della configurazione degli oggetti. *Giornale di Oftalmologia Italiano*, n. 10 (1867) 106-112.

QUIROGA, R. Quian et al. Invariant visual representation by single neurons in the human brain. *Nature*, v. 435, n. 7045 (2005) 1102-1107.

RYALLS, John. Where does the term "aphasia" come from? *Brain and Language*, v. 21, n. 2 (1984) 358-363.

SADATO, Norihiro et al. Activation of the primary visual cortex by Braille Reading in blind subjects. *Nature*, v. 380, n. 6574 (1996) 526-528.

SAXE, Rebecca. Uniquely human social cognition. *Current Opinion Neurobiology*, v. 16, n. 2 (2006) 235-239.

SCHEELE, Dirk et al. Oxytocin modulates social distance between males and females. *Journal of Neuroscience*, v. 32, n. 46 (2012) 16074-16079.

SCOVILLE, William B.; MILNER, Brenda. Loss of recent memory after bilateral hippocampal lesions. *Journal of Neurology, Neurosurgery, and Psychiatry*, v. 20, n. 1 (1957) 11-21.

SELLITTO, Manuela; CIARAMELLI, Elisa; DI PELLEGRINO, Giuseppe. Myopic discounting of future rewards after medial orbitofrontal damage in humans. *Journal of Neuroscience*, v. 30, n. 49 (2010) 16429-16436.

SINGER, Tania et al. Empathy for pain involves the affective but not sensory components of pain. *Science*, v. 303, n. 5661 (2004) 1157-1162.

SIRIGU, Angela et al. Congruent unilateral impairments for real and imagined hand movements. *Neuroreport*, v. 6, n. 7 (1995) 997-1001.

SNIJDERS, Anke H. et al. Gait-related cerebral alterations in patients with Parkinson's disease with freezing of gait. *Brain*, v. 134, n. Pt 1 (2011) 59-72.

THIEBAUT DE SCHOTTEN, Michel et al. From Phineas Gage and Monsieur Leborgne to H. M. Revisiting disconnection syndromes. *Cerebral Cortex*, v. 25, n. 12 (2015) 4812-4827.

TODOROV, Alexander; DUCHAINE, Bradley. Reading trustworthiness in faces without recognizing faces. *Cognitive Neuropsychology*, v. 25, n. 3 (2008) 395-410.

VAN HORN, John Darrell et al. Mapping connectivity damage in the case of Phineas Gage. *PLoS One*, v. 7, n. 5 (2012) e37454.

VAN VLEET, Thomas et al. Randomized control trial of computer-based rehabilitation of spatial neglect syndrome. The RESPONSE trial protocol. *BMC Neurology*, v. 14, n. 25 (2014) 1-11.

WARRINGTON, Elizabeth K. The selective impairment of semantic memory. *Quarterly Journal of Experimental Psychology*, v. 27, n. 4 (1975) 635-657.

WEISKRANTZ, Larry. et al. Visual capacity in the hemianopic field following a restricted occipital ablation. *Brain*, v. 97, n. 4 (1974) 709-728.

WERNICKE, Carl. *Der aphasische Symptomencomplex. Eine psychologische Studie auf anatomischer Basis*. Breslau: Crohn & Weigert, 1874. Trad. parcial: WILKINS, Robert H.; BRODY, Irwin A. Wernicke's sensory aphasia. *Archives of neurology*, v. 22, n. 3 (1970) 279-281.

WILSON, Samuel A. Kinnier. A contribution to the study of apraxia with a review of the literature. *Brain*, v. 31 (1908) 164-216.

ZAMBONI, Giovanna et al. Apathy and disinhibition in frontotemporal dementia. Insights into their neural correlates. *Neurology*, v. 71, n. 10 (2008) 736-742.

ZIHL, Josef; VON CRAMON, D.; MAI, Nur. Selective disturbance of movement vision after bilateral brain damage. *Brain*, v. 106, n. Pt 2 (1983) 313-340.

Edições Loyola

editoração impressão acabamento

Rua 1822 nº 341 – Ipiranga
04216-000 São Paulo, SP
T 55 11 3385 8500/8501, 2063 4275
www.loyola.com.br